T/CAGHP 035—2018

目　次

前言	Ⅲ
1 适用范围	1
2 规范性引用文件	1
3 术语与定义	2
4 基本规定	4
5 水文与水力计算	5
5.1 水文计算	5
5.2 地下水计算	7
5.3 水力计算	10
6 地表排水工程	19
6.1 一般规定	19
6.2 排水沟与截水沟	20
6.3 跌水	22
6.4 急流槽	22
6.5 沉砂池	23
6.6 排水管道	23
7 地下排水工程	24
7.1 一般规定	24
7.2 排水竖井	24
7.3 排水隧洞	26
7.4 排水孔	28
7.5 渗沟（盲沟）	28
7.6 支撑盲沟	29
7.7 暗管（涵）	29
8 监测要求	30
8.1 一般规定	30
8.2 施工安全监测	31
8.3 排水工程效果监测	31
9 施工技术要求	32
10 设计成果	32
10.1 设计成果内容	32
10.2 设计成果要求	33
附录 A（规范性附录） 地质灾害防治工程等级表	34
附录 B（资料性附录） 地表粗糙度系数	35

Ⅰ

附录 C（资料性附录） 过水断面面积和水力半径计算表 ………………………………… 36
附录 D（资料性附录） 开口式泄水口截流率计算诺谟图 …………………………………… 38
附录 E（资料性附录） 地下排水工程结构设计附录 ………………………………………… 41
附录 F（资料性附录） 地下排水工程结构材料常用表 ……………………………………… 45
附录 G（规范性附录） 地表和地下排水工程结构大样图 …………………………………… 47

前　言

本规范按照 GB/T 1.1—2009《标准化工作导则　第1部分：标准的结构和编写》给出的规则起草。

本规范附录 B、C、D、E、F 为资料性附录，附录 A、G 为规范性附录。

本规范由中国地质灾害防治工程行业协会提出并归口。

本规范主要起草单位：中国地质大学（武汉）、北京市水利规划设计研究院、广东省地质灾害应急抢险技术中心、中国地质科学院探矿工艺研究所、深圳市工勘岩土集团有限公司、中国电力工程顾问集团中南电力设计院有限公司。

本规范主要起草人：唐辉明、王亮清、刘培斌、金炯球、周毅、张勇、王贤能、章广成、张琦伟、程凌鹏、陈志杰、陈丽萍、葛云峰、韩新强、黄宗万、马君伟、刘礼领。

本规范由中国地质灾害防治工程行业协会负责管理和对强制条文的解释，由中国地质大学（武汉）负责具体技术内容的解释。

地质灾害排水治理工程设计规范(试行)

1 适用范围

本规范适用于地质灾害治理中地表水和地下水的截、排水工程设计。

2 规范性引用文件

下列文件中的条款通过本规范的引用而成为本规范的条款。凡是注明日期的引用文件,仅所注日期的版本适用于本规范。凡是未注明日期的引用文件,其最新版本(包括所有的修改单)适用于本规范。

  GB 50003—2011 砌体结构设计规范
  GB 50010—2010 混凝土结构设计规范
  GB 50014—2006(2016 版) 室外排水设计规范
  GB 50330—2013 建筑边坡工程技术规范
  GB 50497—2009 建筑基坑工程监测技术规范
  GB 51016—2014 非煤露天矿边坡工程技术规范
  GB/T 3091—2015 低压流体输送用焊接钢管
  GB/T 3422—2008 连续铸铁管
  GB/T 8162—2008 结构用无缝钢管
  GB/T 11836—2009 混凝土和钢筋混凝土排水管
  GB/T 50625—2010 机井技术规范
  GB/T 50218—2014 工程岩体分级标准
  CJJ 143—2010 埋地塑料排水管道工程技术规范
  DZ/T 0219—2006 滑坡防治工程设计与施工技术规范
  DZ/T 0239—2004 泥石流灾害防治工程设计规范
  DZ/T 0221—2006 崩塌、滑坡、泥石流监测规范
  DL/T 5353—2006 水电水利工程边坡设计规范
  DL/T 5195—2009 水工隧洞设计规范
  JGJ 120—2012 建筑基坑支护技术规程
  JTG/D 70—2014 公路隧道设计规范
  JTG/TD 33—2012 公路排水设计规范
  JTG/TD 70—2010 公路隧道设计细则
  SL 454—2010 地下水资源勘察规范
  SL 386—2007 水利水电工程边坡设计规范
  SL 313—2004 水利水电工程施工地质勘察规程
  SL/T 154—1995 混凝土与钢筋混凝土井管标准

SL 191—2008　水工混凝土结构设计规范
SL 253—2000　溢洪道设计规范
TB 10001—2016　铁路路基设计规范

3　术语与定义

下列术语和定义适用于本规范。

3.1

地质灾害排水工程 geohazards drainage engineering

用于防治地质灾害的地表排水和地下排水工程。包括设于地表的截水、排水与防渗工程和修建于地下的汇集、输导与排泄水流等工程。

3.2

地表排水工程 surface drainage engineering

在防治对象地面修建的由排水沟、截水沟等工程组合形成的排水系统，常见类型有排水沟、截水沟、跌水、沉砂池、急流槽、排水管道、排导渠和排导堤等。

3.3

排水沟 drainage ditch

用于排泄由降水、泉水等转化的坡面水流或截水沟水流而设置的地表排水工程。

3.4

截水沟 intercepting ditch

为拦截流向防治对象的地表水流而在其上侧设置的地表排水工程。

3.5

跌水 hydraulic drop

为解决高落差水流、减缓水流冲刷力，将沟底设置呈阶梯形结构的排水沟消能措施。

3.6

沉砂池 desilting basin, grit chamber

去除水中自重很大、能自然沉降的较大粒径沙粒或杂粒的水池。

3.7

急流槽 chute

修建在陡坡或深沟地段的坡度较陡、水流不离开槽底的沟槽。

3.8

地下排水工程 sub-surface drainage engineering

在防治对象主体内修建的由排水孔、洞、井相互连接形成的地下排水设施。

3.9

排水竖井 drainage vertical well

在地面以下修建的洞壁直立的井状排水工程。

3.10

排水隧洞 infiltration tunnel

在地面以下修筑的用以汇集、疏导和排出地下水流的洞形构筑物。

3.11
排水孔 drainage hole
将岩土体中的地下水导流并排出岩土体外的小口径、微倾斜式孔洞。

3.12
盲沟 french drain，blind drainage ditch
埋置在地面以下用以汇集和排除地下水的沟状构筑物。

3.13
支撑渗沟 supporting seeping groove
位于斜坡坡脚，起排水与稳定作用的构筑物。

3.14
排水暗涵（管）drain pipe
埋置在地面以下用以输导水流的方形或圆形的构筑物。

3.15
汇水面积 catchment area
雨水流向同一山谷地面的受雨面积。

3.16
径流系数 runoff coefficient
同一时间段内流域面积上的径流深度（mm）与降水量（mm）的比值，以小数或百分数表示。

3.17
设计径流量 design runoff
在设计地点，预期由设计重现期和降雨历时的降雨所引起的径流量。

3.18
设计降雨重现期 designed recurrence interval of rainfall
某一预期降雨强度的重复出现的平均周期。

3.19
汇流历时 duration of confluence
径流从汇水区最远点（按水流时间计）流达设计地点所需的时间，由坡面汇流历时和沟管内汇流历时组成。

3.20
降雨历时 duration of rainfall
降雨过程中的任意连续时段。其计量单位通常以分（min）表示。

3.21
重现期转换系数 converting factor of recurrence interval
设计重现期的降雨强度与某一标准重现期的降雨强度的比值。

3.22
降雨历时转换系数 converting factor of duration of confluence
设计降雨历时的降雨强度与某一标准降雨历时的降雨强度的比值。

3.23
设计降雨强度 design rainfall intensity
在设计地点，与设计工况或等级相一致的设计重现期内的降雨量，以毫米/分（mm/min）或毫米/时（mm/h）计。

3.24
设计汇流量 design confluence amount

在设计地点预期的流水量在某一范围内的集中的水量。

3.25
地表粗糙系数 ground surface roughness coefficient

反映地表起伏变化与侵蚀程度的指标,一般定义为地表单元曲面面积与投影面积之比。

4 基本规定

4.1 地质灾害排水治理工程包括地表排水与地下排水工程。地表排水与地下排水工程应有机结合,形成统一的排水系统。

4.2 地质灾害排水治理工程应与其他类型防治工程相协调,合理布置,共同构成灾害体的防治体系。

4.3 地质灾害排水治理工程设计方案应根据工程地质、水文地质、环境地质、地形地貌及气象水文等条件,以减轻水对地质灾害体稳定的不利作用为目标,经技术经济比较综合确定。

4.4 排水工程设计等级应与地质灾害防治工程等级一致,并宜按附录A确定。

4.5 排水工程设计降雨重现期应根据排水工程设计等级按5.1确定。

4.6 地质灾害排水治理工程设计前宜获得以下资料:
   a) 地形地貌、气象水文、人文经济、社会发展及区域规划等资料;
   b) 区域地质资料;
   c) 灾害体的几何特征参数;
   d) 灾害岩土体物理力学性质与水文地质参数;
   e) 周边建(构)筑物及地下管网概况;
   f) 地下工程设施勘测设计资料;
   g) 当地同类工程设计和施工资料;
   h) 其他必需资料。

4.7 崩塌、滑坡地质灾害防治工程中仅采用排水措施的项目应进行专项论证,重点是分析排水工程对地质灾害体稳定性提高的作用。

4.8 对于大型、特大型、巨型规模的崩塌、滑坡防治工程,可将排水工程作为安全储备;在排水工程作为地质灾害综合防治辅助措施时,也可将排水工程作为安全储备。

4.9 排水工程设施应满足使用功能要求,结构应安全可靠,便于施工、检查和养护维修。

4.10 冰冻区地表排水设施应具有耐冰冻与耐盐蚀,地下排水设施应置于当地最大冻深线以下,无法满足时,应采取保温措施。对于其他特殊地质条件、特殊地区的排水工程设计(如地震区、湿陷性黄土、盐渍土或膨胀土等),应符合现行有关标准的规定。

4.11 地质灾害防治应急排水工程及施工临时性排水工程,应满足地表水、季节性暴雨、地下水和施工用水的排放要求,有条件时应结合地质灾害防治永久性排水措施进行设置。

4.12 地质灾害排水治理工程设计宜在不断总结实践经验和科研成果的基础上,积极采用新技术、新材料和新工艺。

4.13 地质灾害排水治理工程应以主体工程同时设计、同时施工和同时竣工验收的原则,贯彻动态设计的原则。

4.14 地质灾害排水治理工程设计应对降水引起的地面变形和对环境的影响进行综合评估,应对地下水进行有效控制,防止因地下水引起的流砂、管涌等渗透变形造成的危害。由于排水引起的建(构)筑物沉降控制值应按不影响其正常使用的要求确定,并应符合现行相关规范对它允许变形的规定。

5 水文与水力计算

5.1 水文计算

5.1.1 设计径流量

5.1.1.1 各项排水设施所需排泄的设计径流量可按公式(1)计算确定:

$$Q = 16.67 \Psi q_{P,t} F \quad \cdots\cdots\cdots\cdots (1)$$

式中:

Q——设计径流量,单位为立方米每秒(m^3/s);

Ψ——径流系数,由表4查取;

$q_{P,t}$——设计重现期和降雨历时内的平均降雨强度,单位为毫米每分(mm/min);

F——汇水面积,单位为平方千米(km^2)。

5.1.1.2 当地气象站有10年以上自记雨量计资料时,宜利用气象站观测资料,经统计分析,确定相关参数后按公式(2)和公式(3)计算设计重现期和降雨历时内的平均强度:

$$q_{P,t} = \frac{a_P}{(t+b)^n} \quad \cdots\cdots\cdots\cdots (2)$$

$$a_P = c + d\lg P \quad \cdots\cdots\cdots\cdots (3)$$

式中:

t——降雨历时,单位为分(min),指径流达到计算坡面所需的径流时间;

P——重现期,单位为年(a),由表1查取,排水工程设计等级与地质灾害防治工程等级对应,见附录A;

b, n, c, d——回归系数。

表1 地质灾害排水治理工程设计降雨重现期

排水工程设计等级	设计降雨重现期/a
Ⅰ	50
Ⅱ	20
Ⅲ	10

5.1.1.3 降雨历时

降雨历时应按公式(4)计算:

$$t = t_1 + m \cdot t_2 \quad \cdots\cdots\cdots\cdots (4)$$

式中:

t——降雨历时,单位为分(min);

t_1——坡面汇流时间,单位为分(min),与汇流面积大小、地形坡度陡缓、土壤干湿程度,以及地面覆盖等有关,$t_1 = \frac{L_1}{60v_1}$,一般 $V_1 = 0.15\ m/s \sim 0.6\ m/s$,$L_1$ 为坡面长度,单位为米(m);

m——折减系数,明渠折减系数 $m=1.2$,暗渠折减系数 $m=2.0$,在陡坡地区暗渠折减系数 $m=1.2\sim2.0$;

t_2——管渠内雨水流行时间,单位为分(min),$t_2=\dfrac{L_2}{60v_2}$,L_2 为流程长度,即所计算管渠长度,单位为米(m),v_2 为所计算的管渠内流速,单位为米每秒(m/s)。

5.1.1.4 坡面汇流时间

坡面汇流时间可按公式(5)计算确定:

$$t_1 = 1.445\left(\dfrac{sL_p}{\sqrt{i_p}}\right)^{0.467} \quad (L_p \leqslant 370\text{m}) \quad \cdots\cdots\cdots\cdots (5)$$

式中:

t_1——坡面汇流时间,单位为分(min);

s——地表粗糙度系数,按地表情况查附录B确定;

i_p——坡面汇流的坡度;

L_p——坡面汇流的长度,单位为米(m)。

5.1.1.5 当地缺乏自记雨量计资料时,可利用标准降雨强度等值线图和有关转换系数,按公式(6)计算降雨强度:

$$q_{P,t} = c_P c_t q_{5,10} \quad \cdots\cdots\cdots\cdots (6)$$

式中:

c_t——降雨历时转换系数,为降雨历时 t 的降雨强度 q_t 与 10 min 降雨历时的降雨强度 q_{10} 的比值(q_t/q_{10}),按灾害点所在区域的 60 min 转换系数 c_{60},由表3查取,c_{60} 可由图2查取;

c_P——重现期转换系数,为设计降雨重现期降雨强度 q_P 与标准重现期降雨强度 q_5 的比值(q_P/q_5),按灾害点所在区域由表2可得;

$q_{5,10}$——5 a 重现期和 10 min 降雨历时的标准降雨强度,单位为毫米每分(mm/min),按灾害点所在地,由图1查取。

表 2 重现期转换系数 c_P

地区类别	地区		重现期 P/a					
			3	5	10	15	20	50
一类	海南、广东、广西、云南、贵州、重庆、湖南、湖北、福建、江西、安徽、江苏、浙江、上海、台湾		0.86	1.00	1.17	1.27	1.35	1.58
二类	黑龙江、吉林、辽宁、北京、天津、河北、山东、山西、河南、四川、西藏		0.83	1.00	1.22	1.36	1.45	1.75
三类	内蒙古、陕西、甘肃、宁夏、青海、新疆	非干旱区	0.76	1.00	1.34	1.54	1.83	2.10
四类		干旱区	0.71	1.00	1.44	1.72	2.09	2.43
注1:20 a 一遇与50 a 一遇重现期按照下面对数拟合公式所得。第一类地区,对数拟合公式为:$c_P=0.253\lg(P)+0.585$,$R^2=0.999$;第二类地区,对数拟合公式为:$c_P=0.327\lg(P)+0.470$,$R^2=0.999$;第三类地区,对数拟合公式为:$c_P=0.485\lg(P)+0.223$,$R^2=0.999$;第四类地区,对数拟合公式为:$c_P=0.627\lg(P)+0.006$,$R^2=0.998$。								
注2:干旱区约相当于5年一遇10 min降雨强度小于0.5 mm/min的地区。								

表3 降雨历时转换系数 c_t

c_{60}	降雨历时 t/min										
	3	5	10	15	20	30	40	50	60	90	120
0.30	1.40	1.25	1.00	0.77	0.64	0.50	0.40	0.34	0.30	0.22	0.18
0.35	1.40	1.25	1.00	0.80	0.68	0.55	0.45	0.39	0.35	0.26	0.21
0.40	1.40	1.25	1.00	0.82	0.72	0.59	0.50	0.44	0.40	0.30	0.25
0.45	1.40	1.25	1.00	0.84	0.76	0.63	0.55	0.50	0.45	0.34	0.29
0.50	1.40	1.25	1.00	0.87	0.80	0.68	0.60	0.55	0.50	0.39	0.33

5.1.1.6 径流系数应按汇水区域内的地表种类由表4确定。当汇水区域内有多种类型的地表时，应分别为每种类型选取径流系数后，按相应的面积大小取加权平均值。

表4 径流系数 Ψ

地表种类	径流系数	地表种类	径流系数
沥青混凝土路面	0.95	陡峻的山地	0.75～0.90
水泥混凝土路面	0.90	起伏的山地	0.60～0.80
透水性沥青路面	0.60～0.80	起伏的草地	0.40～0.65
粒料路面	0.40～0.60	平坦的耕地	0.45～0.60
粗粒土坡面和路肩	0.10～0.30	落叶林地	0.35～0.60
细粒土坡面和路肩	0.40～0.65	针叶林地	0.25～0.50
硬质岩石坡面	0.70～0.85	水田、水面	0.70～0.80
软质岩石坡面	0.50～0.75		

5.2 地下水计算

5.2.1 地下水在岩土体内或层间的主要运动形式为渗流。渗流作为一个矢量，包括的计算参数有渗透系数、渗流速度、水头、水力梯度（或水力坡度）等。

5.2.2 线性渗流的计算主要采用达西定律。

5.2.2.1 稳定流流量的计算公式如下：

$$Q_s = KAi \qquad (7)$$

式中：

Q_s——渗透流量，单位为立方米每天（m³/d）；

K——渗透系数，单位为米每天（m/d）；

A——渗流断面面积，单位为平方米（m²）；

i——水力梯度。

5.2.2.2 稳定流流速计算公式如下：

$$v = Ki = -K\frac{dH}{ds} \qquad (8)$$

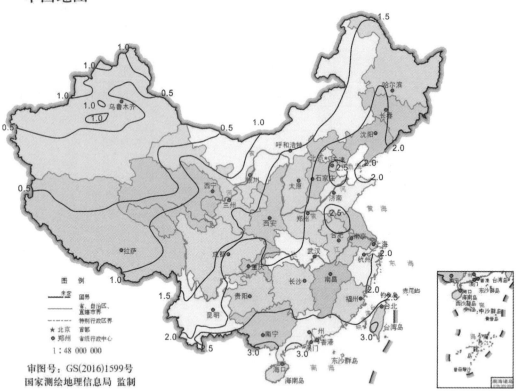

图 1 中国 5 年一遇 10 min 降雨强度($q_{5,10}$)等值线图(mm/min)

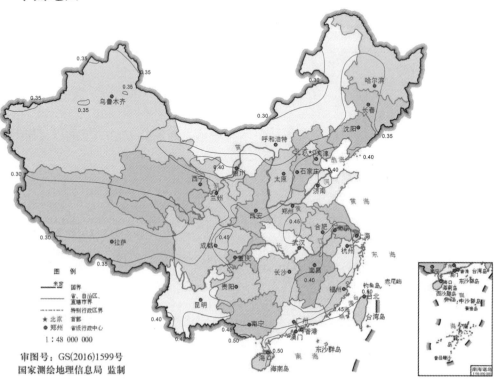

图 2 中国 60 min 降雨强度转换系数(c_{60})等值线图(mm/min)

式中：
v——渗流速度，单位为米每秒(m/s)；
K——渗透系数，单位为米每秒(m/s)；
H——水头，单位为米(m)；
$i=-(\frac{dH}{ds})$——沿流线任意点的水力梯度。

5.2.2.3 地质灾害设计中地下水的渗透系数 K 取决于渗流地层的透水性能。该参数可通过查取相关经验参数，或通过抽水试验、压水试验、注水试验及渗水试验等水文测试手段获取（表5、表6）。

表5 岩土渗透性分级

渗透性分级		渗透性标准		岩体特征	土类
		渗透系数 K/cm·s^{-1}	透水率 q/Lu		
极微透水		$K<10^{-6}$	$q<0.1$	完整岩石，含等价开度小于 0.025 mm 裂隙的岩体	黏土
微透水		$10^{-6}<K<10^{-5}$	$0.1\leq q<1$	含等价开度为 0.025 mm～0.050 mm 裂隙的岩体	黏土-粉土
弱透水	下带	$10^{-5}<K<10^{-4}$	$1\leq q<3$	含等价开度为 0.05 mm～0.01 mm 裂隙的岩体	粉土-细粒土质砂
	中带		$3\leq q<5$		
	上带		$5\leq q<10$		
中等透水		$10^{-4}<K<10^{-2}$	$10\leq q<100$	含等价开度为 0.01 mm～0.5 mm 裂隙的岩体	砂-砂砾
强透水		$10^{-2}<K<1$	$100\leq q$	含等价开度为 0.5 mm～2.5 mm 裂隙的岩体	砂砾-砾石、卵石
极强透水		$1\leq K$		含等价开度大于 2.5 mm 裂隙的岩体	粒径均匀的巨砾

表6 代表性岩土渗透系数 K 经验值

岩土名称	K/cm·s^{-1}	岩土名称	K/cm·s^{-1}
黏土	$<6\times10^{-6}$	中砂	6×10^{-3}～0.02
粉质黏土	6×10^{-6}～1×10^{-4}	粗砂	0.02～0.06
粉土	1×10^{-4}～6×10^{-4}	砾石	0.06～0.10
粉砂	6×10^{-4}～1×10^{-3}	卵石	0.10～0.60
细砂	1×10^{-3}～6×10^{-3}	漂石	0.60～100

5.2.3 非线性流的渗流由于渗流速度和水力梯度之间的关系为非线性的，因此非线性流水力梯度与渗流速度的关系式采用福希海默(Forchheimer)公式，其公式如下：

$$i = Av + Bv^2 \quad\quad\quad\quad (9)$$

式中：
A,B——流动系数，取决于渗流体的流动状态。若渗流属于层流，则系数 $B=0$，$i=Av$，这与线性流的表达形式一致；反之，若渗流体属紊流，系数 $A=0$，$i=Bv^2$。

5.2.3.1 非线性流的渗流速度和水力梯度的关系亦可采用克拉斯诺波里斯基公式,其公式如下:

$$v = Ki^{\frac{1}{2}} \quad\quad\quad (10)$$

该表达式与福希海默公式呈紊流状态下的表达式一致。

5.2.3.2 地下水的流向可以通过钻孔三点法与人工放射性同位素单井法测定。

5.3 水力计算

5.3.1 沟(管)的水力计算

5.3.1.1 沟(管)的水力计算,应包括依据设计流量确定沟(管)所需的断面尺寸,以及检查水流速度是否在允许范围内等内容。

5.3.1.2 沟(管)的泄水能力 Q_c 可按公式(11)计算:

$$Q_c = v_a \omega \quad\quad\quad (11)$$

式中:

Q_c——沟(管)的泄流量,单位为立方米每秒(m^3/s);

v_a——沟(管)内的平均流速,单位为米每秒(m/s);

ω——过水断面面积,单位为平方米(m^2),各种沟(管)过水断面的面积计算可按附录C执行。

5.3.1.3 沟(管)内的平均流速 v 可按公式(12)和公式(13)计算:

$$v = \frac{1}{n_c} R^{\frac{2}{3}} i^{\frac{1}{2}} \quad\quad\quad (12)$$

$$R = \frac{\omega}{\rho} \quad\quad\quad (13)$$

式中:

n_c——沟(管)壁的粗糙系数,可按表7查取;

R——水力半径,单位为米(m),各种沟(管)的水力半径计算式可参考附录C;

i——水力坡度,无旁侧入流的明沟,水力坡度可采用沟的底坡,有旁侧入流的明沟,水力坡度可采用沟段的平均水面坡降;

ρ——过水断面湿周,单位为米(m)。

表7 沟(管)壁的粗糙系数 n_c

沟(管)类别	n_c	沟(管)类别	n_c
塑料管(聚氯乙烯)	0.010	土质明沟	0.022
石棉水泥管	0.012	带杂草土质明沟	0.027
水泥混凝土管	0.013	砂砾质明沟	0.025
陶土管	0.013	岩石质明沟	0.035
铸铁管	0.015	植草皮明沟(流速0.6 m/s)	0.050~0.090(范围跨度大)
波纹管	0.027	植草皮明沟(流速1.8 m/s)	0.035~0.050(范围跨度大)
沥青路面(光滑)	0.013	浆砌片石明沟	0.025
沥青路面(粗糙)	0.016	干砌片石明沟	0.032
水泥混凝土路面(馒抹面)	0.014	水泥混凝土明沟(馒抹面)	0.015
水泥混凝土路面(拉毛)	0.016	水泥混凝土明沟(预制)	0.012

5.3.1.4 浅沟可按以下要求计算其泄水能力：
a) 单一横坡的浅三角形沟的泄水能力 Q_c 可按公式(14)计算：

$$Q_c = 0.377 \frac{1}{i_h n_c} h^{\frac{8}{3}} i^{\frac{1}{2}} \quad \cdots\cdots\cdots\cdots\cdots\cdots\cdots (14)$$

式中：

i_h——沟或过水断面的横向坡度；

h——沟或过水断面的水深，单位为米(m)。

b) 复合横坡浅三角形沟的泄水能力可按公式(14)计算泄水能力乘以系数 ξ 求得，ξ 由公式(15)确定。计算示意如图3所示。

$$\xi = \{1-(1-\gamma)[(1+\alpha\beta)^{-1}-(1+\beta)^{-1}]\}^{\frac{5}{3}} \quad \cdots\cdots\cdots\cdots (15)$$

式中：

α,β,γ——系数，其中 $\alpha=\dfrac{i_2}{i_3}$，$\beta=\dfrac{b_2}{b_3}$，$\gamma=\dfrac{b_1}{b_1+b_2+b_3}$。

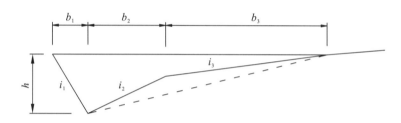

图3 双向开口且有变坡浅三角形沟过水断面计算图

c) 其他深宽比小于1:6的浅沟泄水能力可取公式(11)的计算泄水能力乘以1.2。

5.3.1.5 沟和管的允许流速应符合以下规定：

a) 明沟的最小允许流速为0.4 m/s，暗沟和管的最小允许流速为0.75 m/s。

b) 管的最大允许流速为：金属管10 m/s；非金属管5 m/s。

c) 明沟的最大允许流速，可根据沟壁材料的水深修正系数确定。不同沟壁材料在水深为0.4 m～1.0 m时的最大允许流速，可按表8取用；其他水深的最大允许流速，应乘以表9中的相应的水深修正系数。

表8 明沟的最大允许流速 （单位：m/s）

明沟类别	亚砂土	亚黏土	干砌片石	浆砌片石	黏土	草皮护面	水泥混凝土
允许最大流速	0.8	1.0	2.0	3.0	1.2	1.6	4.0

表9 最大允许流速的水深修正系数

水深 h/m	≤0.4	0.4<h≤1.0	1.0<h<2.0	h≥2.0
修正系数	0.85	1.00	1.25	1.40

5.3.2 泄水口水力计算

5.3.2.1 泄水口水力计算应包括依据设计流量的截流要求确定泄水口的尺寸和布设间距等内容。

5.3.2.2 在纵坡坡段上的开口式泄水口,设计泄水量应根据开口长度 L_i、低凹区的宽度 B_w、下凹深度 h_a 以及过水断面的纵向坡度 i_z 和横向坡度 i_h 确定,如图4所示。可利用附录D中图D.1～图D.6查取截流率(Q_0/Q_c)后,按过水断面泄水能力 Q_c 确定其设计泄水量 Q_0,泄水口开口长度、下凹区宽度和下凹深度取值应根据喇叭口的形状和尺寸确定。

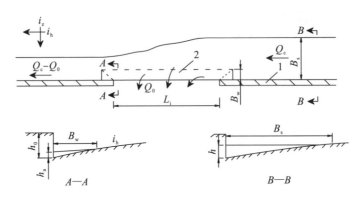

图4 开口式泄水口周围的水流状况

1. 拦水带或缘石;2. 低凹区

5.3.2.3 在凹形竖曲线底部的开口式泄水口的设计泄水量,应按泄水口处的水深和泄水口的尺寸确定。

5.3.2.3.1 开口处设有低凹区,当开口处的净高 h_0 大于或等于由图5确定的满足堰流要求的最小高度 h_m 时可利用图6确定开口的泄水量 Q_0 或最大水深 h_i。

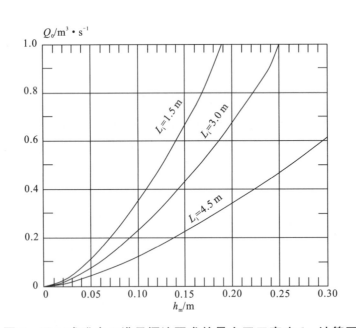

图5 开口式泄水口满足堰流要求的最小开口高度 h_m 计算图

5.3.2.3.2 不设低凹区时可按公式(16)确定其泄水量 Q_0:
$$Q_0 = 1.66 L_i h_i^{1.5} \quad \cdots\cdots (16)$$

5.3.2.3.3 当开口处水深 h_i 超过净高 h_0 的1.4倍时,可按公式(17)确定其泄水量 Q_0:
$$Q_0 = 13.14 h_0 L_i (h_i - 0.5 h_0) \quad \cdots\cdots (17)$$

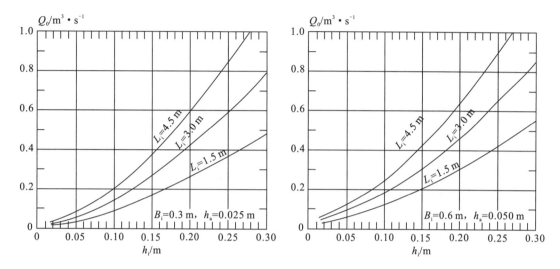

图 6 开口处净高 $h_0 \geqslant h_m$ 时开口的泄水量 Q_0 或最大水深 h_i 计算图

5.3.2.4 在纵坡坡段上的格栅式泄水口,其设计泄水量为过水断面中格栅宽度 B_g 所截流的部分,如图7所示,可利用公式(14)确定。格栅孔口所需的最小净长度 L_g 可按公式(18)确定：

$$L_g = 0.91 v_g (h_i + d)^{0.5} \quad \cdots\cdots (18)$$

式中：

L_g——格栅孔口的最小净长度,单位为米(m);

v_g——格栅宽度范围内水流的平均流速,单位为米每秒(m/s);

d——格栅栅条的厚度,单位为米(m)。

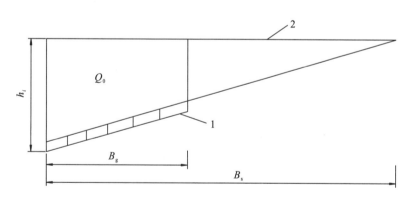

图 7 格栅式泄水口过水断面

1.格栅;2.水面

5.3.2.5 在凹形竖曲线底部的格栅式泄水口,其泄水量计算应符合以下规定：

a) 当格栅上面的水深 $h_i < 0.12$ m 时,泄水量 Q_0 可按公式(19)计算：

$$Q_0 = 1.66 P_g h_i^{1.5} \quad \cdots\cdots (19)$$

式中：

P_g——格栅的有效周边长,为格栅进水周边边长之和的一半,单位为米(m)。

5.3.2.5.2 当格栅上面的水深 $h_i > 0.43$ m 时,泄水量 Q_0 可按公式(20)计算：

$$Q_0 = 2.96 S_i h_i^{0.5} \quad \cdots\cdots (20)$$

式中：

S_i——格栅孔口净泄水面积的一半，单位为平方米（m²）。

5.3.2.5.3 当格栅上的水深处于 0.12 m～0.43 m 之间时，其泄水量介于公式（19）和公式（20）的计算结果之间，可按水深通过直线内插得到。

5.3.2.6 在纵坡坡段上，上方第一个泄水口的位置按保证过水断面或沟内的水面宽度不超出《公路排水设计规范》（JTG/T D 33—2012）第 4.2.1 条第 4 款规定的允许范围的原则确定，随后各泄水口的间距按该段长度内所产生的径流量与该泄水口的泄水量相等的原则计算确定。坡段上最后一个泄水口的溢流量计入进入凹形竖曲线底部的泄水口的流量。

5.3.3 地下排水设施水力计算

5.3.3.1 渗沟沟底设在不透水层上或不透水层内，且不透水层的横向坡度较小时，可采用地下水自然流动速度近于零的假设，按公式（21）～公式（24）计算单位长度内渗沟由沟壁一侧流入沟内的流量，计算图见图 8。当水由两侧流入渗沟内时，上述渗流量应乘以 2。

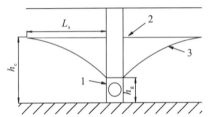 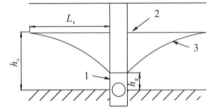

图 8 不透水层坡度平缓时的排水沟流量计算图

1. 地下排水沟；2. 地下水位；3. 地下水位降落曲线

$$Q_s = \frac{k_h(h_c^2 - h_g^2)}{2L_s} \quad \cdots\cdots\cdots\cdots\cdots\cdots (21)$$

$$h_g = \frac{I_0}{2 - I_0} h_c \quad \cdots\cdots\cdots\cdots\cdots\cdots (22)$$

$$L_s = \frac{h_c - h_g}{I_0} \quad \cdots\cdots\cdots\cdots\cdots\cdots (23)$$

$$I_0 = \frac{1}{3\,000\sqrt{k_h}} \quad \cdots\cdots\cdots\cdots\cdots\cdots (24)$$

式中：

Q_s——单位长度渗沟由一侧坑壁渗入的流量，单位为平方米每秒·米 [m³/(s·m)]；

k_h——含水层材料的渗透系数，单位为米每秒（m/s）；

h_c——为含水层内地下水的高度，单位为米（m）；

h_g——渗沟内的水深，单位为米（m），在渗沟底位于不透水层内，且渗沟内水面低于不透水层顶面时，按公式（22）取用；

L_s——地下水受排水沟影响而降落的水平距离，单位为米（m）；

I_0——地下水降落曲线的平均坡度，可按水层材料渗透系数由公式（24）估算。

5.3.3.2 当渗沟沟底距不透水层顶面较远时，位于含水层内的单位长度渗沟的流量可按公式（25）确定，计算图见图 9。

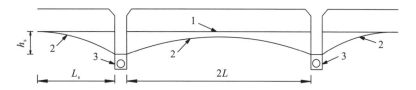

图9 不透水层较深时排水沟流量计算图

1.原地下水位；2.降低后地下水位；3.地下排水沟

$$Q_s = \frac{\pi k_h h_s}{2\ln\left(\frac{2L_s}{L_1}\right)} \quad \cdots\cdots\cdots\cdots\cdots\cdots\cdots\cdots (25)$$

式中：

h_s——渗沟位置处地下水位的下降幅度，单位为米(m)；

L_1——相邻渗沟间距的一半，单位为米(m)。

5.3.3.3 不透水层的横向坡度较陡时，可按公式(26)计算单位长度渗沟由一侧流入沟内的渗流量，计算图见图10。

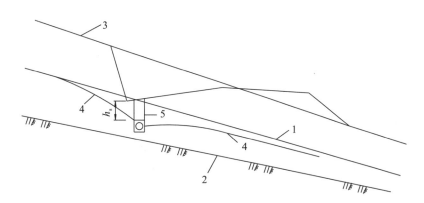

图10 不透水层的横向坡度较陡时的渗沟流量计算图

1.原地下水；2.不透水层；3.坡面；4.设渗沟后地下水位；5.渗沟

$$Q_s = k_h i_h h_s \quad \cdots\cdots\cdots\cdots\cdots\cdots\cdots\cdots (26)$$

5.3.3.4 渗沟水力计算应符合下列规定：

a) 盲沟(填石渗沟)泄水能力应按公式(27)计算：

$$Q_c = w k_m \sqrt{i_z} \quad \cdots\cdots\cdots\cdots\cdots\cdots\cdots\cdots (27)$$

式中：

w——渗透面积，单位为平方米(m^2)；

k_m——紊流状态时的渗流系数，单位为米每秒(m/s)，当已知填料粒径d(cm)和孔隙率n(%)时，按公式(28)计算，也可以按表10确定：

$$k_m = \left(20 - \frac{14}{d}\right) n \cdot \sqrt{d} \quad \cdots\cdots\cdots\cdots\cdots\cdots\cdots\cdots (28)$$

设每颗填料均为球体(体积$=\frac{1}{6}\pi d^3$)，则N颗填料的平均粒径d(cm)可按公式(29)计算：

$$d = \sqrt[3]{\frac{6G}{\pi N \gamma_s}} \quad \cdots\cdots\cdots\cdots\cdots\cdots\cdots\cdots (29)$$

式中：

G——N 颗填料的重力，单位为千牛(kN)；

γ_s——填料固体粒径的重度，单位为千牛每立方米(kN/m³)。

表 10 排水层填料渗透系数

换算成球形的颗粒直径 d/cm	排水层填料孔隙率 n/(%)		
	0.40	0.45	0.50
	渗透系数 k_m/m·s⁻¹		
5	0.15	0.17	0.19
10	0.23	0.26	0.29
15	0.30	0.33	0.37
20	0.35	0.39	0.43
25	0.39	0.44	0.49
30	0.43	0.48	0.53

b) 洞(管)式渗沟的泄水能力应按公式(11)计算。

5.3.3.5 渗沟埋置深度 h_2 应按公式(30)计算(图11)：

$$h_2 = Z + p + \varepsilon + f + h_3 - h_1 \quad \cdots \cdots (30)$$

式中：

h_2——渗沟埋置深度，单位为米(m)；

Z——沿路基中线的冻结深度，单位为米(m)，非冰冻地区取 0；

p——冻结地区沿中线处冻结线至毛细水上升曲线的间距，可取 0.25 m；非冰冻地区路床顶面至毛细水上升曲线的距离，可取 0.5 m；

ε——毛细水上升高度，单位为米(m)；

f——路基范围内水落曲线的最大高度(m)，与路基宽度 B_0 及 I_0 有关，可近似取 $f = B_0/I_0$；

h_3——渗沟底部的水柱高度，单位为米(m)，一般取 0.3 m~0.4 m；

h_1——自路基中线顶高计算的边沟深度，单位为米(m)。

5.3.3.6 渗井计算应符合以下规定：

a) 位于含水层内的单位长度渗井的流量 Q_s 应按公式(31)计算确定(图12)：

$$Q_s = 1.36 \frac{k_h(h_j^2 - h_d^2)}{\lg \frac{R}{r_0}} \quad \cdots \cdots (31)$$

式中：

h_j——井内水深，单位为米(m)；

h_d——地下水位高于井底的高度，单位为米(m)；

R——影响半径，单位为米(m)，可根据抽水试验确定，或用下列经验公式计算：

$$R = 3\,000 S \sqrt{k_h}$$

S——抽水降深，单位为米(m)，即地下水位与井内水位的高差，对于渗水井：

$$S = h_j - h_d$$

r_0——渗井半径，单位为米(m)。

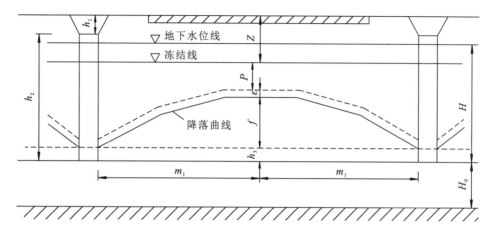

图11 渗沟埋置深度计算图

H．地下水位高度；H_0．隔水层高度；m_1．渗沟边缘至路基中线的距离

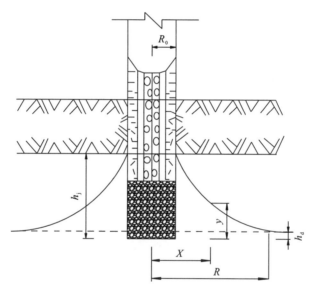

图12 含水层内渗井的流量计算图

b) 可据渗井的最大排水量（设计流量 Q_s），按公式（32）估算渗井孔径 D：

$$D = \frac{Q_s}{\pi h_j \sqrt{k_h}} \quad \text{(32)}$$

式中：

Q_s——设计流量，单位为立方米每秒（m³/s）。

c) 当需要排除的水量较多，单个井点的孔径又不宜过大时，可采取群井分担排水，井点的数量可按公式（33）估算，且平面间距不宜大于两倍影响半径（2R）。

$$N = \frac{1}{\beta} \frac{W}{Q_s t_p} \quad \text{(33)}$$

式中：

N——井点的数量，单位为个；

W——降低地下水所需的总排水量，单位为立方米（m³）；

t_p——达到预定下降水位所需的排水时间,单位为(小)时(h);

Q_s——单井的排水能力,单位为立方米每(小)时(m^3/h);

β——群井的相互干扰系数,一般取0.24~0.33。

5.3.3.7 隧洞排水量计算应符合下列规定,计算图见图13。

5.3.3.7.1 潜水完整式隧洞,隧洞底位于不透水层中,地下水无限补给,隧洞排水量为:

$$Q = 2Bk\frac{H^2 - h^2}{2R}$$

$$或\ Q = 2Bk\frac{(2H-s)s}{2R} \quad\quad\quad\quad\quad (34)$$

式中:

Q——隧洞排水量,单位为立方米每天(m^3/d);

k——含水层渗透系数,单位为米每天(m/d);

s——水位降深,单位为米(m);

R——隧洞排水影响半径,单位为米(m);

h——水位下降曲线在隧洞边墙上的高度,单位为米(m);

B——隧洞通过含水层中的长度,单位为米(m)。

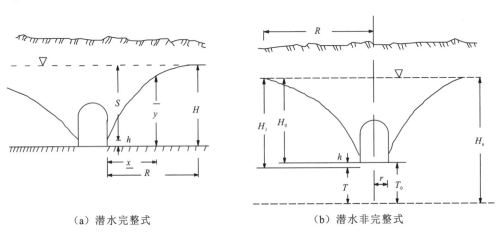

（a）潜水完整式　　　　　　（b）潜水非完整式

图13 隧洞涌水量计算稳定流计算图

5.3.3.7.2 潜水非完整式隧洞,隧洞位于无限含水层中,隧洞排水量为:

$$Q = \frac{2\alpha k B H_1}{\ln R - \ln r}$$

$$\alpha = \frac{\pi}{2} + \frac{H_1}{R} \quad\quad\quad\quad\quad (35)$$

式中:

r——隧洞宽度的一半,单位为米(m);

H_1——静止水位至隧洞底的深度,单位为米(m)。

5.3.4 矩形断面单级跌水水力学计算

5.3.4.1 矩形断面的进口部分宽度可按公式(36)计算:

$$b = \frac{Q_s}{\varepsilon \rho_f \sqrt{2g} h_0^{3/2}} \quad\quad\quad\quad\quad (36)$$

式中：

Q_s——设计流量，单位为立方米每秒（m³/s）；

ε——水流井口侧收缩系数，取0.85～0.95；

ρ_f——流量系数，取0.30～0.395；

g——重力加速度，取9.80 m/s²；

h_0——行近流速作用下的水头，单位为米（m）。

对于梯形断面，公式(36)计算的是平均宽度，此时应将梯形面积和高度换算成等面积的矩形面积和高度。

5.3.4.2 急流槽临界纵坡计算：

$$i_k = \frac{g}{C} \cdot \frac{\omega_k}{b_k} \quad \quad (37)$$

式中：

C——临界水深时的流速系数[谢才系数，参照公式(38)、公式(39)及公式(40)计算]；

ω_k——临界水深时的湿周，单位为米（m）；

b_k——急流槽底宽，单位为米（m）。

5.3.4.3 流速系数计算：

5.3.4.3.1 巴甫洛夫斯基公式：

$$C = R^y/s \quad \quad (38)$$

式中：

y——与s，R有关的指数。

$$y = 2.5\sqrt{s} - 0.13 - 0.75\sqrt{R}(\sqrt{s} - 0.10) \quad \quad (39)$$

5.3.4.3.2 满宁公式：

$$C = R^{1/6}/s \quad \quad (40)$$

公式(38)、公式(39)和公式(40)中：

R——水力半径，单位为米（m）；

s——地表粗糙系数，参照附录B。

6 地表排水工程

6.1 一般规定

6.1.1 地表排水工程应包括地质灾害体及其影响范围内的截水、排水等设施，其常见类型可分为排水沟、截水沟、跌水、沉砂池、急流槽、排水管道等。

6.1.2 地表排水工程应与地灾治理对象影响范围、遭受影响范围的截排水系统相协调。地质灾害排水治理工程接入排放系统时，应避免次生地质灾害的发生。

6.1.3 地质灾害体影响区内、外的地表排水系统宜分开布置，自成体系。

6.1.4 地表排水工程的位置、数量和断面尺寸应根据地形条件、降雨强度与历时、汇水面积、坡面径流、排水路径和排水能力等确定。

6.1.5 地表排水工程应采取措施防止截排水沟出现堵塞、溢流、渗漏、淤积、冲刷和冻结等现象。

6.1.6 地质灾害体上若有水田，应改为旱地耕作。地质灾害体上若有积水的池、塘、库，应采取疏干排水措施，否则应对其实施防渗工程。

6.1.7 地表排水工程通过地质灾害体变形明显区域时,要绕避或采取结构加强措施。

6.2 排水沟与截水沟

6.2.1 截、排水系统设计应首先进行各主、支沟汇流面积分割,然后依据设计暴雨强度、设计标准计算汇流量和输水量,在此基础上计算确定排水沟断面尺寸。

6.2.2 截、排水沟断面形式应结合设置位置、泄水量、地形及边坡情况确定。断面形状可采用矩形、梯形、U型及复合型等(图14),矩形与梯形断面沟,底宽不宜小于250 mm。易受水流冲刷的排水沟应视实际情况采取防护、加固措施。

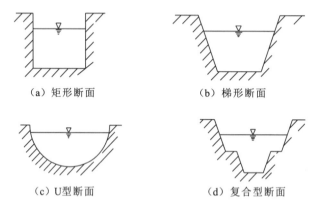

(a)矩形断面　　(b)梯形断面

(c)U型断面　　(d)复合型断面

图 14 排水沟断面形状示意图

6.2.3 截、排水沟泄流量宜按照5.3进行计算。

6.2.4 截、排水沟进出口平面布置,宜采用喇叭口或"八"字形导流翼墙。导流翼墙长度可取设计水深的3倍~4倍。

6.2.5 截、排水沟断面变化时宜保持深度不变,并采用渐变段衔接,其长度宜取水面宽度之差的5倍~20倍。

6.2.6 截、排水沟的安全超高可按表11选取。弯曲段凹岸应考虑水位壅高的影响。

表 11 截、排水沟的安全超高

排水工程设计等级	安全超高/m
Ⅰ	0.5
Ⅱ	0.4
Ⅲ	0.3

6.2.7 截、排水沟弯曲段的弯曲半径不应小于最小容许半径及沟底宽度的5倍。最小容许半径可按公式(41)计算:

$$R_{min} = 1.1v^2 A^{\frac{1}{2}} + 12 \quad \quad (41)$$

式中:

R_{min}——最小容许半径,单位为米(m);

v——沟道中水流流速,单位为米每秒(m/s);

A——沟道过水断面面积,单位为平方米(m^2),常用沟道的水力半径,可按附录C取值。

6.2.8 截、排水沟的最大允许流速应遵守5.3.1.5的规定。排水沟的最小允许流速为0.4 m/s；设计流速小于最小允许流速时，应增加防淤措施。

6.2.9 设计截、排水沟的纵坡，应根据沟线、地形、地质以及相互连接条件等因素确定，并进行抗冲刷计算，一般不宜小于0.3%。

6.2.10 在排水沟纵坡变化处，应避免上游产生壅水。

6.2.11 截、排水沟宜用浆砌片石(块石)、毛石混凝土、素混凝土或钢筋混凝土砌筑，片石(块石)强度等级不应低于MU30，毛石混凝土或素混凝土强度等级不应低于C15。砌筑砂浆标号不应低于M5，勾缝砂浆标号应不低于砌筑砂浆标号，且以勾阴缝为主。

6.2.12 砌筑或浇筑型截、排水沟，当砌筑材料为浆砌片石(块石)时，沟壁及沟底厚度不应小于200 mm；当为现浇混凝土时，沟壁厚度不应小于100 mm。当沟深超过500 mm时，应验算沟壁的边坡稳定性。

6.2.13 砌筑与浇筑型截、排水沟应根据沟壁与沟底结构厚度合理设置伸缩缝，伸缩缝间距不宜大于30 m。伸缩缝应采取有效止水措施。

6.2.14 当地质灾害体表部存在渗水断层、节理、裂隙(缝)时，宜采用黏土、砂浆、混凝土、沥青等填缝夯实。截、排水沟跨过时，应专门设计跨缝的结构措施，确保排水沟不产生变形或渗漏。

6.2.15 对纵坡较陡的截、排水沟，为满足纵向抗滑稳定要求，基础应呈台阶状开挖。

6.2.16 截水沟来水一侧沟顶标高应低于坡体自然标高200 mm～300 mm，当地表水对沟顶有冲刷作用时，宜由沟顶向外铺砌0.3 m～1.0 m防冲刷面层。

6.2.17 根据外围坡体结构，截水沟迎水面需设置泄水孔并做好反滤措施，泄水孔间距为3 m～4 m，推荐尺寸为100 mm×100 mm～300 mm×300 mm。

6.2.18 截、排水沟出口应与自然冲沟或其他排水设施平顺衔接，必要时可设置跌水或急流槽；出口水流应不影响灾害体稳定。

6.2.19 在冻害地段的排水沟，沟壁、沟底外侧应加设防冻层。防冻层材料可选用煤渣、矿渣、砾石、碎石或黏土含量小于5%的砂砾，最小防冻层厚度不小于0.3 m。

6.2.20 高含冰量冻土地段如设计排水沟时，应充分考虑冻土及冰层的埋藏深度，采用宽浅的断面形式，断面尺寸宜经计算确定。

6.2.21 高含冰量冻土地段应尽量避免修建截水沟，宜修建挡水埝(图15)。挡水埝断面应参照碾压式土石坝设计，设计泄流量按照5.3(浅沟)计算。挡水板埋设深度应进入多年冻土上限不小于0.5 m，且高出原始地面不小于0.2 m。

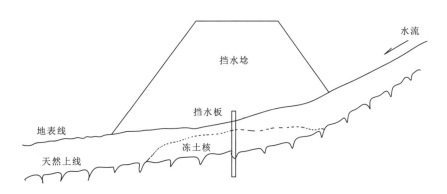

图15 挡水埝示意图

6.3 跌水

6.3.1 当截、排水沟所处自然纵坡大于1:20或局部高差较大时,宜设置跌水。跌水应采取加固措施,必要时增设消能措施。当坡体表面松软,跌水可增设防滑榫嵌入稳定地层,或沿纵向坡设置土钉或短锚防滑。因场地地形限制,单级落差较大时,则宜在跌水下方增设消能防冲刷措施,如设置跌坎式(直跌式)消力池或底流式消力池。

6.3.2 跌水和陡坡进出口段,应设导流翼墙,与上、下游沟渠护壁连接。梯形断面沟道,可设为渐变收缩扭曲面;矩形断面沟道,可设为"八"字墙形式。导流翼墙长度可取设计水深的3倍～4倍。

6.3.3 陡坡和缓坡连接剖面曲线应根据5.3.4计算确定;跌水和陡坡段下游,应采用消能和防冲措施。当跌水高差在5 m以内时,宜采用单级跌水;跌水高差大于5 m时,宜采用多级跌水。

6.3.4 跌水宜用浆砌片石(块石)、毛石混凝土、素混凝土或钢筋混凝土砌筑。砌筑砂浆的强度等级应为M10,片石(块石)强度等级不应低于MU30,毛石混凝土或素混凝土的强度等级不应低于C20。

6.3.5 跌水沟底与边墙厚度不宜小于200 mm。

6.3.6 陡坡和缓坡段沟底及边墙应设伸缩缝,缝间距为10 m～15 m。伸缩缝处的沟底应设齿前墙,伸缩缝内应设止水或反滤盲沟。

6.3.7 在坚硬岩石地基上修建跌水,槽身部分可不采用浆砌圬工加固。

6.4 急流槽

6.4.1 对截、排水沟所处自然纵坡大于1:20或局部高差大于1.0 m的陡坡地段,宜设置急流槽。急流槽临界纵坡计算参照5.3.4。

6.4.2 急流槽宜用浆砌片石(块石)、毛石混凝土、素混凝土或钢筋混凝土砌筑。砌筑砂浆的标号不应低于M10,片石(块石)强度等级不应低于MU30,毛石混凝土或素混凝土的强度等级不应低于C20。

6.4.3 急流槽沟底与边墙厚度不宜小于300 mm。

6.4.4 急流槽底的纵坡应与地形相结合,进水口应予防护加固。

6.4.5 急流槽出水口应采取消能措施,防止冲刷。消能方式宜采用底流水跃消力池,其水跃消能计算参照《溢洪道设计规范》(SL 253—2000)。等宽矩形断面消力池水平护坦上的水跃形态见图16。所示其水跃消能计算按下列公式计算。

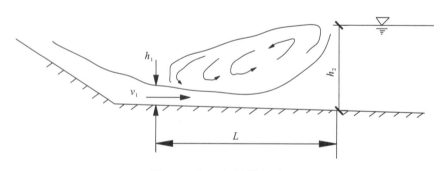

图16 水平光滑护坦水跃

6.4.5.1 自由水跃共轭水深可按公式(42)、公式(43)计算:

$$h_2 = \frac{h_1}{2}(\sqrt{1+8Fr_1^2}-1) \quad \cdots\cdots\cdots\cdots\cdots\cdots (42)$$

$$Fr_1^2 = v_1 / \sqrt{gh_1} \quad\quad\quad\quad (43)$$

式中：

Fr_1——收缩断面弗劳德数；

h_1——收缩断面水深，单位为米(m)；

v_1——收缩断面流速，单位为米每秒(m/s)。

式(43)适用范围：$Fr_1 = 5.5 \sim 9.0$。

6.4.5.2 水跃长度可按公式(44)计算：

$$L = 6.9(h_2 - h_1) \quad\quad\quad\quad (44)$$

6.4.6 为防止基底滑动，急流槽底可设置防滑平台，或设置凸榫嵌入基底中。

6.4.7 在坚硬岩石地基上修建急流槽，槽身部分可不采用浆砌圬工加固。

6.5 沉砂池

6.5.1 当截、排水沟沟底纵坡等于或小于0.3%时，宜设置沉砂池，沉砂池可根据来沙量，按纵向50 m～100 m间距设置，并考虑便于机械或人工除砂的贮存与外运。

6.5.2 当排水沟与地下排水管或暗涵连接，宜在接口处设置沉砂池。

6.5.3 地表排水宜采用平流沉砂池设计，并应符合下列要求：
 a) 最大流速应为0.3 m/s，最小流速应为0.15 m/s；
 b) 最高时流量的停留时间不应小于30 s；
 c) 有效水深不应大于1.2 m，每格宽度不宜小于0.6 m。

6.5.4 沉砂池可以根据维护除砂条件决定分格数，但不得少于两个，宜按并联系列设计。

6.5.5 沉砂池宜采用钢筋混凝土结构设计，混凝土强度等级不应低于C25。

6.5.6 沉砂池底坡度一般为0.01～0.02，并可根据除砂设备要求，设计池底的形状与尺寸。

6.5.7 沉砂池除砂宜采用机械方法，并经砂水分离后贮存或外运。采用人工排砂时，排砂管直径不应小于200 mm。排砂管应考虑防堵塞措施。

6.6 排水管道

6.6.1 在城乡区域因受城市排水规划、用地因素等影响，地质灾害体以外排水可与市政排水系统相连，可采用暗埋排水管道。

6.6.2 排水管道最大设计流速按公式(12)计算。

6.6.3 管道水力半径应按公式(13)计算，常见管道截面可按附录C计算。

6.6.4 排水管道应按满流计算。

6.6.5 排水管的允许流速应满足5.3.1.5的规定。

6.6.6 各种不同直径的管道在检查井内连接时，应采用水面或管顶平接。

6.6.7 管道转弯和交接处，其水流转角不应小于90°。当管径小于或等于300 mm，跌水水头大于0.3 m时，可不受限制。

6.6.8 管道的地基基础应进行地基承载力和稳定性验算，必要时应采取加固措施，管道接口应采用柔性接口。

6.6.9 采用管道排水时，其附属设施、检查井、雨水口、跌水井等，可参照《室外排水设计规范》(GB 50014—2006)(2016版)执行。

7 地下排水工程

7.1 一般规定

7.1.1 地下排水工程常见类型包括排水竖井、排水隧洞、排水孔、渗沟（盲沟）、支撑盲沟、暗管（涵）等，可采用一种或几种措施结合设计。

7.1.2 地下排水工程适用于规模较大、成因机理复杂、地下水丰富的地质灾害体治理，常与其他治理工程配合使用。

7.1.3 地下排水设施应采取反滤措施，防止堵塞、失效。

7.1.4 地下排水设施出水口的排水通道应避免出现漫流或冲刷坡面，出水口处水流应处于无压状态。有冻胀影响地区的出水口，应考虑用耐冻胀材料砌筑，出水口的基础必须设在冰冻线以下。

7.1.5 线状展布的地下排水工程，如排水隧洞、盲沟、暗（管）涵、渗沟等，应根据地形地貌条件、平面走向、与其他工程的交叉协调情况及实际需要等沿线设置数量、规模适宜且安全方便的检查井。检查井的间距一般宜为 30 m～50 m。

7.1.6 地下排水工程排出的水质应进行含砂量检测，检测结果不宜大于 1/100 000。

7.2 排水竖井

7.2.1 排水竖井适宜于地下水量丰富、含水层厚、渗透性强和水位较高的滑坡灾害体治理。排水竖井一般宜与排水隧洞、排水孔联合使用。

7.2.2 布置在滑坡体上的排水竖井，宜在滑坡体的中上部、地下水集中汇流的低洼地带布置，井底应穿越滑面以下至少 2 m。排水竖井平面布置间距依据滑坡区地形地貌、水文地质及工程地质条件，并结合当地防治工程经验综合确定。

7.2.3 排水竖井单井设计流量可按公式(45)计算确定：

$$q = 1.1 \frac{Q}{n} \quad \quad \quad (45)$$

式中：

q——单井设计流量，单位为立方米每天（m³/d）；

Q——竖井控制断面以上滑坡体内的地下水总流量，单位为立方米每天（m³/d），按公式(E.1)计算；

n——设计竖井数量。

7.2.4 排水竖井单井出水能力应大于按公式(44)计算的设计单井流量。当单井出水能力小于单井设计流量时，应增加井的数量、直径或深度。单井出水能力可按公式(46)计算：

$$q_0 = 120\pi r_s l \sqrt[3]{K} \quad \quad \quad (46)$$

式中：

q_0——单井出水能力，单位为立方米每天（m³/d）；

r_s——过滤器半径，单位为米（m）；

l——过滤器进水部分的长度，单位为米（m）；

K——含水层渗透系数，单位为米每天（m/d），根据试验和地区工程经验确定。

7.2.5 排水竖井井孔直径应能满足井管、滤水管安装和井外填砾要求。井孔直径一般不宜超过 2 m，超过 2 m 时按大口井设计。采用填砾过滤器时，终孔直径不应小于 300 mm；采用非填砾过滤器时,终孔直径不宜小于 100 mm。

7.2.6 井孔最小直径可根据设计单井流量、允许渗透流速、过滤器长度按公式(E.2)计算。

7.2.7 井管设计应符合下列要求:
- a) 井壁管和滤水管根据井深、水质、技术和经济条件,选用钢管、铸铁管、钢筋混凝土管、塑料管、混凝土管、无砂混凝土管等。
- b) 无砂混凝土管、混凝土管、钢筋混凝土管按《混凝土与钢筋混凝土井管标准》(SL/T 154—1995)执行,金属井管参照《结构用无缝钢管》(GB/T 8162—2008)、《低压流体输送用焊接钢管》(GB/T 3091—2015)、《连续铸铁管》(GB/T 3422—2008)执行。
- c) 金属井管用管箍丝扣连接或焊接,钢筋混凝土管、塑料管用焊接,混凝土管与无砂混凝土管用粘接加绑扎。

7.2.8 排水竖井宜采用填砾过滤器,其结构类型和适用管材参见表12。

表 12 各种过滤器的适用条件及适用管材表

填砾过滤器结构类型	适用管材
穿孔过滤器	钢管、铸铁管、钢筋混凝土管、塑料管、混凝土管
缠丝过滤器	钢管、铸铁管、钢筋混凝土管、钢筋骨架管
无砂混凝土过滤器	无砂混凝土管
竹笼过滤器	钢管、铸铁管、钢筋混凝土管、钢筋骨架管
桥式过滤器	钢管

7.2.9 填砾过滤器设计应根据结构类型分别进行:
- a) 穿孔过滤器,其穿孔管为钢管、铸铁管、钢筋混凝土管、塑料管、混凝土管加工或预制成的圆孔或条孔滤水管。各种管材开孔率应按表13的规定取值。穿孔管外应垫筋、包网、填砾。网眼尺寸应等于或略小于滤料粒径的下限。

表 13 不同管材的开孔率表

管材类型	钢管	铸铁管	钢筋混凝土管	塑料管	混凝土管	无砂混凝土管
开孔率/(%)	25～30	20～25	≥15	≥12	≥12	渗透系数≥400 m/d
						孔隙率≥15 %

注1:开孔率为井管开孔面积与相应的井管表面积的比值。
注2:无砂混凝土管为体积孔隙率,即孔隙体积与相应的井管体积的比值。

- b) 缠丝过滤器,其穿孔管为钢管、铸铁管、钢筋混凝土管加工或预制成的圆孔或条孔滤水管,也可用钢筋骨架管。各种管材开孔率应按表13的规定取值。穿孔管外垫筋、包网、填砾,缠丝间距应等于或略小于滤料粒径的下限,最大间距应小于5 mm。
- c) 无砂混凝土过滤器为无砂混凝土井管,粘接后外部用4～8根竹片、镀锌铁丝捆扎以增加其整体性,然后填砾。骨料粒径按表14选取。

表 14 骨料粒径表

含水层岩性	粉砂、细砂	中砂	粗砂
骨料粒径/mm	4～6	6～8	8～12

原料和配方宜采用普通硅酸盐水泥,标号不低于 42.5 号;骨料为硅质砾石;灰骨比为 1∶4.5～1∶6(重量比);水灰比为 0.28～0.32。

主要技术指标包括:轴向抗压强度不小于 7.5 MPa～10 MPa,渗透系数不小于 400 m/d,孔隙率不小于 15 %。

   d) 竹笼过滤器的穿孔管管材、开孔率和外径与缠丝过滤器相同,只是以管外编竹笼代替垫筋、缠丝,并在竹笼外包尼龙网、填砾,网眼尺寸应按滤料粒径的下限确定。竹笼规格:纵条 15 mm×2 mm(宽×厚),横条 6 mm×2 mm(宽×厚),垫条宽度依据穿孔管的大小与排列确定,厚度根据竹杆的厚度决定。
   e) 对于桥式过滤器,其滤水管由钢板冲压焊接而成。壁外呈"桥状",立缝为进水孔,一般不包滤网。立缝宽度应等于或略小于滤料粒径的下限。

7.2.10 滤料(填砾)设计应符合下列规定:
   a) 滤料粒径 D_{50} 可按公式(47)确定:
$$D_{50}=(8\sim10)d_{50} \quad\quad\quad\quad\quad\quad\quad (47)$$
式中:
D_{50},d_{50}——滤料、含水层砂样过筛累计重量分别为 50 % 时的颗粒直径,单位为毫米(mm);
用公式(47)计算时,含水层颗粒不均匀系数(C_u)小于 3 时,倍比系数取小值,否则取大值。
   b) 中、粗砂含水层,填砾厚度大于 100 mm,粉、细砂含水层填砾厚度应大于 150 mm。滑坡体含水层岩性不均时,填砾厚度一般不宜小于 200 mm,或根据当地已有工程经验确定。
   c) 滤料应选用磨圆度好的硅质砂、砾石充填,滤料上部应高出过滤器上端至少 2 m,下部也应低于过滤器底部不小于 2 m。

7.2.11 沉淀管长度根据井深和含水层岩性确定。松散地层中的管井,浅井为 2 m～4 m,深井为 4 m～8 m;基岩中的管井,一般为 2 m～4 m。

7.2.12 井管外部封闭应符合下列规定:
   a) 滤料顶部至井口段,采用黏土球或黏土块封闭 3 m～5 m,剩余部分可用黏土填实。
   b) 井口周围,浅井可用一般黏土夯实,厚度不小于 200 mm;中、深井可用黏土球或水泥浆封闭,厚度一般不小于 300 mm。

7.3 排水隧洞

7.3.1 布置在滑坡体上的排水隧洞,其平面位置及走向应依据滑坡区地形、地貌、构造、工程地质与水文地质条件、滑面深度及与之相连通的竖向排水工程的空间布置等因素综合确定。洞身应置于整体稳定的围岩中,并置于滑面以下至少 0.5 m。洞身围岩分类执行《工程岩体分级标准》(GB 50218—2014)。

7.3.2 排水隧洞断面形状可采用圆形、矩形或拱形,根据地质条件及施工方法综合考虑确定,宽高比不宜大于 1∶1。洞截面面积依据设计排水量初步估算,安全净空面积不应小于 20 %。排水洞洞底坡度不宜小于 1 ‰,洞内一侧应设排水沟,尽量使地下水自流排出坡外。

7.3.3 排水隧洞洞口宜选择在地质灾害体影响范围以外的稳定区域,并避开高边坡、高仰坡或地表水倒灌等不利于排水或影响洞口结构稳定的地段。排水洞宜从稳定岩体进口,平行滑面下盘布置主洞,垂直滑面的方向布置支洞穿过隔水软弱层带或滑带。当岩体渗透性弱,排水效果不良时,排水洞洞顶和洞壁应设辐射状排水孔,孔径不应小于 50 mm,排水孔应作反滤保护。当排水洞低于地表排泄通道时,应在洞内布置有足够容量的集水井,并用水泵将集水排出洞外。

7.3.4 排水隧洞围岩荷载(压力)根据隧洞埋深、围岩类型以及围岩变形类型选用不同的方法进行计算:

a) Ⅰ-Ⅳ级围岩中的深埋隧洞,围岩压力主要为形变压力,其值可按释放荷载计算。释放荷载的计算可参照《公路隧道设计规范》(JTG/D 70—2014)附录 E 公式确定。

b) Ⅳ-Ⅵ级围岩中深埋隧洞的围岩压力为松散荷载时,其垂直均布压力及水平均布压力按附录 E.3 计算。

c) 浅埋隧洞围岩压力按附录 E.4 计算确定。

7.3.5 排水隧洞洞身置于Ⅰ-Ⅲ级围岩中时,除洞口段应采用整体衬砌外,其余洞段可不衬砌或仅采用喷锚衬砌。洞身置于Ⅳ-Ⅴ级围岩中时,洞口及洞内应做整体式衬砌。

7.3.6 喷锚衬砌应符合下列要求:

a) 喷射混凝土厚度不应小于 50 mm,不宜大于 300 mm;单层钢筋网喷射混凝土厚度不应小于 80 mm,双层钢筋网喷射混凝土厚度不应小于 150 mm。

b) 钢筋网网格应按矩形布置,钢筋间距宜为 150 mm~300 mm,钢筋直径为 6 mm~10 mm,钢筋网搭接长度应不小于 30 倍钢筋直径。

c) 钢筋网应配合锚杆一起使用,钢筋网宜与锚杆绑扎连接或焊接。

d) 锚杆的杆体直径宜为 20 mm~32 mm,锚杆材料宜采用 HRB400 钢,垫板材料宜采用 HPB235 钢,注浆材料用的各种砂浆强度不应低于 M20。

e) 喷锚衬砌的锚杆应随机抽样进行抗拔试验,试验数量不宜小于锚杆总数量的 1%~5%,且不宜少于 3 根。抗拔试验参照执行《建筑基坑支护技术规程》(JGJ 120—2012)有关要求。

7.3.7 整体式衬砌应符合下列要求:

a) 整体式衬砌应采用混凝土或钢筋混凝土结构,洞门可采用混凝土、钢筋混凝土、片石混凝土或砌体结构。地震动峰值加速度系数大于 0.2 的地区,洞口段及软弱围岩段的衬砌宜采用钢筋混凝土结构。

b) 整体式衬砌结构的钢筋混凝土强度等级不应小于 C25,受力主筋的净保护层厚度不宜小于 40 mm;混凝土强度等级不应小于 C20;片石混凝土的强度等级不应小于 C15;砌体结构强度等级不应低于 M7.5。

c) 距洞口 5 m~12m 处应设沉降缝,洞内软硬岩层明显分界处宜设沉降缝,在连续Ⅴ、Ⅵ级围岩中每 30 m~80 m 应设沉降缝一道。

d) 温差变化大的地区,特别是在最冷月平均气温低于-15 ℃的寒冷地区,距洞口 100 m~200 m 范围的衬砌段应根据情况增设伸缩缝。

e) 沉降缝、伸缩缝的宽度应大于 20 mm,缝内应填塞油性聚氨酯或 SBS 防水卷材等不透水材料。沉降缝、伸缩缝应垂直洞轴线设置。

f) 沉降缝、伸缩缝可兼作施工缝。在设有沉降缝、伸缩缝的位置,施工缝宜调整到同一位置。

g) 衬砌边墙基底应置于稳固的地基之上。在洞门墙厚度范围内,边墙基础应加深到与洞门墙基础底相同的标高。

h) 整体式衬砌的隧洞两侧壁应设置排水孔或留置泄水口与衬砌外含水层相通,底部两侧设置纵向排水沟,深度不小于0.3 m,上开口宽度不小于0.5 m;衬砌背后环向应设置导水盲管,出水口与隧洞底部的排水沟相通。隧洞底应采用封闭式防水措施,基底岩土承载力应满足设计要求。

7.4 排水孔

7.4.1 排水孔一般与排水竖井、隧洞、排水沟渠等其他排水工程结合使用,也可单独设置在支挡结构体中。多采用仰斜式,倾角不宜小于10%。

7.4.2 排水孔孔径宜为110 mm～150 mm,孔内放置混凝土、金属、软式或PVC材质的"透水管",管外应包裹1～2层土工布作反滤层防止淤塞,软式透水管管内采用中粗砂填充作为滤水材料。

7.4.3 排水孔的纵、横向间距宜根据过水断面的渗流量、排水孔过水能力计算确定,一般不宜大于2 m。

7.4.4 排水孔的出水口宜设置有序、合理的导流设施,禁止水流直接冲刷防治工程结构表面或无防护工程措施的坡面。

7.5 渗沟(盲沟)

7.5.1 渗沟适用于排除或疏干地质灾害体内浅层地表水。必要时,可与抗滑支挡结构结合设置。

7.5.2 渗沟的构造可根据水量选用填石渗沟、管式渗沟或洞式渗沟。

7.5.3 用于截断地下水渗流的轴线宜与渗流方向垂直布置。

7.5.4 渗沟的埋置深度应按地下水位的高程、地下水位需下降的深度、含水层介质的渗透系数等因素综合考虑。

7.5.5 渗沟的流量应根据含水层厚度、渗沟内的水流深度、含水层材料的渗透系数、地下水位降落曲线等因素综合确定。

7.5.6 填石渗沟用于流量不大、流程不长的区段,其纵坡不应小于1%,一般可采用5%。沟内可采用石质坚硬的较大粒料填充,填充高度不应小于0.3 m,并应高出原地下水位。

7.5.7 管式渗沟用于地下引水较长的地段,但渗沟过长时应加设横向渗沟。管径由水力计算确定,内径不宜小于20 cm。纵坡宜为1%～3%,且不应小于0.5%。管道可采用陶土、混凝土、石棉或聚氯乙烯带孔塑料管等材料。冬季管内水流结冰的地段,可采用较大直径的水管,并加设保温层。

7.5.8 洞式渗沟可在地下水流量较大的区段或者缺乏管材时使用。洞身大小应依据水流量确定。洞身应设在不透水层内,纵坡宜为1%～3%,且不应小于0.5%,有条件时可采用较大的纵坡。

7.5.9 渗沟的基底宜埋入不透水层,沟壁迎水一侧应设置反滤层汇集水流。当含水层较厚,沟底不能埋入不透水层时,沟壁两侧均应设反滤层。

7.5.10 渗沟排水层(或管、洞)与沟壁之间应设置反滤层。

7.5.11 渗沟出口段宜加大纵坡,出口处宜设置栅板或者端墙,出水口应高出地表水排水沟槽常水位的0.2 m以上。渗沟的排水孔(管)应设在冻结深度以下不小于0.25 m处。对寒冷地区的渗沟出口应采取防冻措施。

7.5.12 渗沟平面转折处、断面变化处、基底坡度变化处或直线段每隔一定距离应设置检查井。直线段检查井的最大间距可据渗沟断面净高按表15规定取值。

7.5.13 检查井底部宜设置流槽。检查井流槽顶可与0.5倍渗沟高度处持平,其宽度宜满足检修的要求。

表 15 检查井最大间距

渗沟断面净高/mm	检查井最大间距/m
200~400	50
500~700	70
800~1 000	90
1 100~1 500	120
1 600~2 000	120

7.6 支撑盲沟

7.6.1 支撑盲沟适宜于滑动面埋藏较浅、滑坡体内有大量积水或地下水分布层次较多、难以实施截流的滑坡治理工程。

7.6.2 支撑盲沟宜平行于滑坡滑动方向或地下水流向布置。滑坡体地下水出露点宜布置支撑盲沟。

7.6.3 支撑盲沟宽度应根据抗滑需要、沟深和便于施工的原则确定，一般宜为 2 m～4 m。支撑盲沟基底宜设计为台阶形，且应置于滑动面以下至少 0.5 m 的稳定地层中；基底平均纵坡应不小于滑坡体地下水的天然水力坡度，一般可取 2 %～4 %。

7.6.4 支撑盲沟基底和侧壁护砌可采用浆砌石、素混凝土或钢筋混凝土结构类型，宜结合围岩类型及工程地质性质、施工条件等综合确定。其中浆砌石结构的厚度不宜小于 30 cm；素混凝土结构厚度不宜小于 10 cm；钢筋混凝土结构的混凝土强度等级不宜低于 C15，厚度不宜低于 15 cm。

7.6.5 支撑盲沟的顶面不宜高于稳定地下水位。冻土地区应低于设计冻深。

7.6.6 支撑盲沟内透水填料应因地制宜。碎石、块石、卵砾石、粗砂和中砂作填料时其含泥量应小于 3 %。

7.6.7 支撑盲沟内埋设透水管时其孔隙率宜大于 50 %。支撑盲沟管材可采用 PVC 塑料管、预制混凝土管、镀锌钢管等，管材的抗压强度应大于上覆岩土荷载的 1.2 倍；其抗弯强度应满足地基变形要求。根据防治工程设计使用年限、地下水水质及土质腐蚀性等环境因素，支撑盲沟管材宜采取适当的防腐蚀、防老化措施。

7.6.8 支撑盲沟透水面填料外应包裹无纺透水土工布，其性能指标应满足下列要求：
   a) 单位面积质量不小于 300 g/m^2；
   b) 厚度不小于 2.4 mm；
   c) 纵、横向抗拉强度不小于 20 kN/m，纵、横向断裂伸长率应小于 25 %；
   d) 撕破强度不小于 0.6 kN，CBR 顶破强度不小于 1.8 kN；
   e) 垂直渗透系数为 10^{-1} cm/s～10^{-3} cm/s。

7.6.9 支撑盲沟对滑坡体的抗滑力与盲沟的截面尺寸、填料性质、基底倾角等有关，可按附录 E.5 计算。

7.7 暗管（涵）

7.7.1 暗管（涵）主要用于对拟治理区域内的集中地下水渗流进行有序引导和输出。其进水口位置应选在地下水集中渗流的出水点或汇集处。

7.7.2 暗管（涵）的平面路由应根据地形地质条件、出水口位置及与其他工程的空间协调综合考虑确定。暗管（涵）沿线岩土体地基应整体稳定，进、出水口边坡应稳定。

7.7.3 暗管（涵）的管材及规格应根据其埋深、设计排水量、设计荷载、灾害体位移变形、地质条件、施工方法、运输条件及工程造价等综合考虑选用。暗管（涵）断面净空高度不宜小于管（涵）直径（高度）的1/5。

7.7.4 常用混凝土管及钢筋混凝土管规格及性能指标参见附录F。

7.7.5 塑料排水暗管的设计、施工及检验应符合《埋地塑料排水管道工程技术规程》(CJJ 143—2010)的相应要求。

7.7.6 预制混凝土和钢筋混凝土排水暗管产品质量应符合《混凝土和钢筋混凝土排水管》(GB/T 11836—2009)的相关要求。

7.7.7 排水暗涵应采用钢筋混凝土结构，且宜根据施工现场条件、运输条件等选择预制或现浇混凝土暗涵构件。暗涵构件壁厚不应小于300 mm，混凝土强度等级不应低于C30，内、外保护层厚度不宜小于20 mm。排水暗涵截面尺寸应根据其设计排水流量、允许流速及净空高度等综合确定，初步估算可按《水工混凝土结构设计规范》(SL 191—2008)确定。暗涵的结构设计应符合《水工混凝土结构设计规范》(SL 191—2008)的相关规定。

7.7.8 暗管（涵）应置于岩土的物理力学性质均匀的天然地基上。岩石地基上不宜埋置塑料排水管，土岩组合地基应在岩土衔接段设置沉降变形缝（缝宽不宜小于30 mm）或柔性接口，土质地基承载力应满足管（涵）设计承载力要求，且不应小于80 kPa。

7.7.9 对于软土、湿陷性土、深厚填土（厚度大于3 m的人工填土）、液化土等不良工程地质土层组成的地基，宜根据暗管（涵）设计要求进行地基处理后方可铺设管（涵）。

7.7.10 管道基础应根据管道材质、接口形式和地质条件确定，可采用混凝土基础、砂石垫层基础或土基础。不均匀地基应设置中、粗砂或级配良好的碎石、卵砾石褥垫层，厚度不宜小于300 mm，且分层碾压夯实后再铺设排水管（涵）。塑料排水管道基础不宜采用刚性基础，严禁采用刚性桩直接支撑管道。

7.7.11 相邻两节排水管（涵）的接口可根据管（涵）材质及地质条件选用刚性或柔性接口，接口尺寸偏差应满足相关产品标准要求，且接口处不应漏水。在地震设防烈度为Ⅷ度的地区，应采用柔性接口。柔性接口的抗拉强度及变形应满足地基不均匀沉降的要求。

7.7.12 排水管（涵）的进水口应设置拦石栅、沉砂池或滤水网等防止管（涵）堵塞的设施。沿线设置的检查井也应设置沉砂池。

7.7.13 排水暗管（涵）顶的最小覆土深度应不小于当地的设计冻土深度。

8 监测要求

8.1 一般规定

8.1.1 排水工程监测系统应根据整个地质灾害防治工程监测系统要求统一布设。

8.1.2 排水工程监测宜采用专业监测与群测群防监测相结合的方法。

8.1.3 排水工程监测主要包括排水工程施工安全监测与施工效果监测，所布网点应可供长期监测利用。

8.1.4 排水工程监测设计的内容主要包括监测项目、监测目的、监测方法、测点布置、监测周期与精度及监测报警值等。

8.1.5 排水工程监测工作可根据设计要求、地质灾害体稳定性、周边环境和施工进程等因素进行动态调整。

8.1.6 监测数据的采集和处理宜优先采用自动化方式。

8.1.7 地质灾害排水治理工程监测报告应包括下列主要内容：

 a) 工程概况；

 b) 监测依据；

 c) 监测目的和要求；

 d) 监测仪器型号、规格等；

 e) 监测内容；

 f) 监测点布置图、监测指标时程曲线图；

 g) 监测数据整理、分析和监测结果评述；

 h) 结论与建议。

8.2 施工安全监测

8.2.1 排水工程施工安全监测主要包括基槽开挖监测和排水隧洞监测。

8.2.2 基槽开挖监测主要包括槽顶水平位移、垂直位移、裂缝观测和邻近建（构）筑物变形等。排水隧洞监测主要包括洞顶垂直位移、洞底回弹、洞侧收敛以及围岩渗（漏）水情况等。

8.2.3 基槽开挖深度小于或等于 5 m 时监测以现场人工巡视为主；开挖深度大于 5 m 时应以专业监测为主，同时进行人工定期巡视。隧洞围岩变形和洞顶地面沉降监测采用专业监测和人工巡视相结合的方法。

8.2.4 基槽边坡监测范围每侧应不小于 2 倍～3 倍的开挖深度，开挖坡脚时，对可能影响到的范围进行必要的监测。排水隧洞洞顶地面沉降监测范围沿隧洞两侧均不小于 2 倍～3 倍的隧洞埋深。

8.2.5 基槽坡顶监测点沿基槽走向的间距宜为 15 m～30 m，基槽走向转折处、高度相差较大处均应设置监测点。垂直于基槽走向的每个断面监测点不宜少于 2 个。

8.2.6 排水隧洞监测应沿其中心轴线每隔 15 m～20 m 布置一个监测断面。每个监测断面的地面沉降监测点不宜少于 5 个，洞顶沉降、洞底回弹测点不宜少于 1 个。隧洞围岩类型、结构、产状等明显变化且稳定性较差时，应在变化带两侧及中间地带设置监测断面，断面间距视情况可适当减小。

8.2.7 基槽开挖期间及地下排水工程施工期间，应每天至少专人巡视 1 次，观察槽顶地面及临近建筑物变形情况，并填写巡视日志。采用专业监测时，开挖前应至少监测 2 次，以获取监测点稳定初始值。基槽开挖期间应至少每周监测 1 次。雨季施工、槽顶地面或建筑物发生明显位移、槽顶荷载突然增加、基槽水文地质条件发生明显变化等特殊条件下应及时加密监测。

8.2.8 排水隧洞洞室围岩变形和洞顶地面沉降监测频次应根据隧洞开挖进度、围岩类型及结构、隧洞埋深、洞顶岩土类型等综合确定。洞室围岩变形监测标志应在开挖或初衬后及时埋设，初始值测量不宜少于 2 次。隧洞开挖期间监测频率至少为每周 2 次。

8.2.9 地质灾害排水治理工程施工安全监测还应遵循《建筑基坑支护技术规程》（JGJ 120—2012）、《建筑基坑工程监测技术规范》（GB 50497—2009）、《水工隧洞设计规范》（DL/T 5195—2009）等相关规程规范要求。

8.3 排水工程效果监测

8.3.1 排水工程效果监测方法主要包括人工巡视与专业监测。

8.3.2 排水工程效果的人工巡视应作为排水系统运行期的常规工作，排水工程效果的专业监测周期不少于工程竣工后的2个水文年。

8.3.3 排水工程人工巡视内容主要包括排水构筑物的完整性和畅通性等。

8.3.4 排水工程专业监测内容主要包括地下水位、地下水流量、岩土体含水率和排水构筑物的变形破坏等。

8.3.5 单个灾害体宜布设1~2条监测断面，每个断面地下水位监测点不宜少于3个。

8.3.6 监测频率至少每月1次，在汛期、雨季、预警期等情况下应加密监测。

8.3.7 排水工程的排水量、地质灾害区地下水位等监测数据应与地质灾害体的稳定性进行关联分析，进而评价排水工程对地质灾害体稳定的改善效果。

9 施工技术要求

9.1 排水工程施工应严格按照设计施工，设计变更应按照变更程序执行。

9.2 排水工程施工应编制施工组织设计，内容包括施工技术方案和安全保障措施等，经施工单位技术负责人审核和报监理工程师审批后实施。

9.3 排水工程施工前须具备详细的勘查和施工图设计资料，开工前勘查、设计、施工、监理等相关单位应进行设计技术交底和图纸会审，熟悉工程图纸，明确设计意图、施工技术要求及施工注意事项。

9.4 开挖施工过程中应进行地质编录，特别是开挖面地下水渗水情况的观察与详细记录。其相关要求可按《水利水电工程施工地质勘察规程》(SL 313—2004)执行。

9.5 排水工程开挖至设计标高时或地下排水工程揭露的地质情况与勘查结论有误差时，或地下排水工程揭露情况与勘查结论不一致时，应由施工单位会同勘查、设计、监理、业主等单位进行现场确认。

9.6 原材料、砂浆强度、混凝土强度、预制构件等按批次、批量进行抽检送检，应符合国家现行有关标准和设计要求。

9.7 各项质量保证资料齐全、完备，工程质量检验评定应符合相关地质灾害治理工程质量检验、评定的要求。

10 设计成果

10.1 设计成果内容

10.1.1 设计成果内容应包括设计说明、图件、计算书、概（预）算书。

10.1.2 设计说明应满足下列要求：

  a) 地质灾害排水治理工程设计说明应与防治工程总体设计说明相协调，且应力求文字简练、信息齐全、数据准确。

  b) 排水工程设计说明的内容应包括工程概况、设计原则、设计依据、设计标准、分项工程设计、监测设计说明，主要建筑材料的设计规格、型号及用量，以及其他需要说明的事项。

  c) 工程概况应写明地质灾害类型、规模和特点，以及防治工程的实施范围、地点、地质概况、周边环境、计划工期、主要工程措施及技术参数、工程投资等。设计依据包括批准性文件、委托书或合同、强制性技术标准及相关技术资料等。设计依据应写明文件和资料的名称、来源和有效日期。

d) 分项工程设计应详细说明各类排水工程的空间布置、结构类型、尺寸、用材标准、施工方法、检验标准等。
e) 主要建筑材料的规格、型号及设计用量宜列表表示，以便于施工招标及采购。
f) 设计说明应与设计图纸配合使用。

10.1.3 图件应包含如下内容：

a) 排水工程平面布置图：
1) 场地位置、地形、征地红线；
2) 地质环境条件和地质灾害特征等；
3) 排水结构平面布置、坐标、各控制点的坐标与工程量表；
4) 剖切线位置和编号、指北针；
5) 说明、图纸名称、图签。

b) 排水工程剖面图：
1) 排水结构横剖面布置、几何尺寸；
2) 排水结构纵剖面布置、几何尺寸；
3) 地质环境条件和地质灾害特征等；
4) 剖切线位置和编号；
5) 说明、图纸名称、图签。

c) 排水工程结构大样图：
1) 地表排水工程结构大样图；
2) 地下排水工程结构大样图。

d) 排水工程监测图：监测工程平面图和结构大样图等。

10.1.4 计算书主要包含水文计算、沟和管的水力计算、泄水口水力计算、地下排水设施水力计算及排水设施的结构计算等。

10.1.5 概（预）算书主要包含工程概况、概（预）算依据、概（预）算说明、总概（预）算表、建筑工程费用表、临时工程费用表、独立费用表、人工费用表、材料费用表、机械台时费用表、单价分析表等。

10.2 设计成果要求

10.2.1 成果书写格式应满足下列要求：
a) 设计成果应按照内容分节撰写绘制，层次清楚；
b) 文字及图件的术语、符号、单位应前后一致，符合国家现行标准。

10.2.2 图件比例尺可按下列要求选用：
a) 排水治理工程平面布置图（1∶500～1∶2 000）；
b) 排水治理工程横剖面图（1∶200～1∶1 000）；
c) 排水治理工程纵剖面图（1∶200～1∶1 000）；
d) 排水治理工程监测平面图（1∶500～1∶2 000）；
e) 排水治理工程结构大样图（1∶10～1∶200）。

附 录 A
（规范性附录）
地质灾害防治工程等级表

表 A.1 地质灾害防治工程等级表

级别		Ⅰ	Ⅱ	Ⅲ
危害对象		县级和县级以上城市	主要集镇，或大型工矿企业、重要桥梁、国道专项设施等	一般集镇、县级或中型工矿企业、省道及一般专项设施等
危害人数/人		>1 000	1 000～500	<500
经济损失	直接经济损失/万元	>1 000	1 000～500	<500
	潜在经济损失/万元	>10 000	10 000～5 000	<5 000

注1：以危害对象、危害人数及其损失程度为依据，将地质灾害防治工程划分为三级。
注2：工程等级的确定，必须同时满足表A.1中的危害对象、危害人数和经济损失3项指标中的2项。
注3：确定滑坡等级时应考虑滑坡可能产生的次生灾害的影响。
注4：因特殊情况需要进行等级增减，须经过专门论证与批准。

附 录 B
（资料性附录）
地表粗糙度系数

表 B.1 地表粗糙度系数 S

地表状况	粗糙度系数 S	地表状况	粗糙度系数 S
沥青路面、水泥混凝土路面	0.013	牧草地、草地	0.400
光滑的不透水地面	0.020	落叶树林	0.600
光滑的压实土地面	0.100	针叶树林	0.800
稀疏草地、耕地	0.200		

附 录 C
（资料性附录）
过水断面面积和水力半径计算表

表 C.1 沟（管）水力半径和过水断面面积计算公式

断面形状	断面图	过水断面面积 A	水力半径 R
矩形		$A=bh$	$R=\dfrac{bh}{b+2h}$
三角形		$A=0.5bh$	$R=\dfrac{0.5b}{1+\sqrt{1+m^2}}$
三角形		$A=0.5bh$	$R=\dfrac{0.5b}{\sqrt{1+m_1^2}+\sqrt{1+m_2^2}}$
梯形		$A=0.5(b_1+b_2)h$	$R=\dfrac{0.5(b_1+b_2)h}{b_2+h(\sqrt{1+m_1^2}+\sqrt{1+m_2^2})}$
圆形	充满度 $a=H/2d$ $\varphi=\arccos(1-2a)$ φ 为弧度	$A=d^2(\varphi-\dfrac{1}{2}\sin2\varphi)$	$R=\dfrac{d}{2}(1-\dfrac{\sin2\varphi}{2\varphi})$

表 C.2 U 型排水沟水力半径和过水断面面积

断面形状	断面图	尺寸/m			断面面积 A/m^2	水力半径 R/m
		b_1	b_2	h		
U 型排水沟		0.18	0.17	0.18	0.033	0.050
		0.24	0.22	0.24	0.055	0.079
		0.30	0.26	0.24	0.067	0.091
		0.30	0.26	0.30	0.084	0.098
		0.36	0.31	0.30	0.101	0.110
		0.36	0.31	0.36	0.121	0.117
		0.45	0.40	0.45	0.191	0.147
		0.60	0.54	0.60	0.342	0.196

附 录 D
（资料性附录）
开口式泄水口截流率计算诺谟图

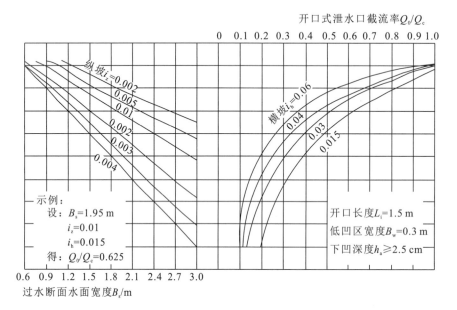

图 D.1 开口长度 $L_i=1.5$ m，低凹区宽度 $B_w=0.3$ m，下凹深度 $h_a \geqslant 2.5$ cm

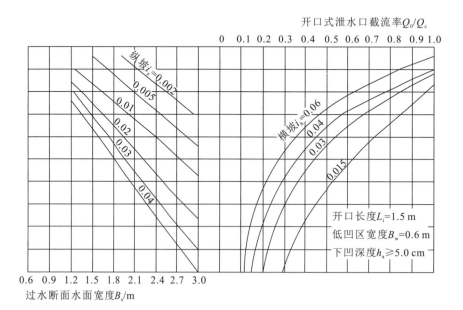

图 D.2 开口长度 $L_i=1.5$ m，低凹区宽度 $B_w=0.6$ m，下凹深度 $h_a \geqslant 5.0$ cm

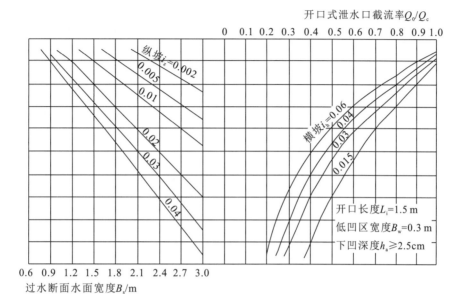

图 D.3 开口长度 $L_i=3.0$ m,低凹区宽度 $B_w=0.3$ m,下凹深度 $h_a \geqslant 2.5$ cm

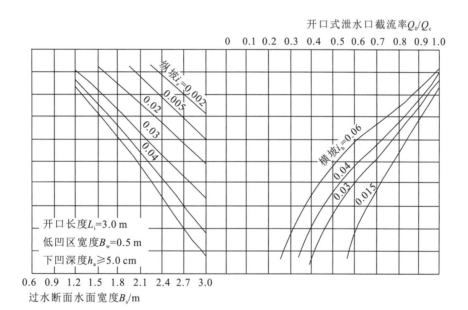

图 D.4 开口长度 $L_i=3.0$ m,低凹区宽度 $B_w=0.6$ m,下凹深度 $h_a \geqslant 5.0$ cm

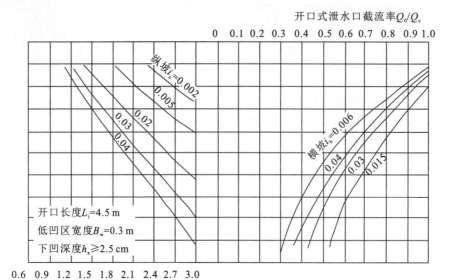

图 D.5 开口长度 $L_i=4.5$ m，低凹区宽度 $B_w=0.3$ m，下凹深度 $h_a \geqslant 2.5$ cm

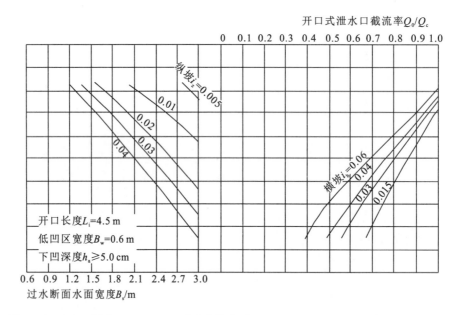

图 D.6 开口长度 $L_i=4.5$ m，低凹区宽度 $B_w=0.6$ m，下凹深度 $h_a \geqslant 5.0$ cm

附 录 E
（资料性附录）
地下排水工程结构设计附录

E.1 地下水总流量计算

地下水总流量计算可采用公式（7）。

E.2 排水竖井井孔最小直径估算

排水竖井井孔最小直径可按公式（E.1）进行初步估算：

$$D_{\min}=\frac{q}{\pi l v_1} \quad\quad\quad (E.1)$$

式中：

$D_{\min}$——井孔最小直径，单位为米（m）；
q——单井设计流量，单位为立方米每秒（m³/s）；
v_1——允许渗透流速，单位为米每秒（m/s）；
l——过滤器进水部分的长度，单位为米（m）；

允许渗透流速可根据吉哈尔特公式计算：

$$v_1=\frac{\sqrt{K}}{15} \quad\quad\quad (E.2)$$

E.3 深埋隧洞围岩压力计算方法

Ⅳ～Ⅵ级围岩中深埋隧道的围岩压力为松散荷载时，其垂直均布压力及水平均布压力可按公式（E.3）计算。

E.3.1 垂直均布压力按公式（E.3）进行计算：

$$q=\gamma h$$
$$h=0.45\times 2^{s-1}\omega \quad\quad\quad (E.3)$$

式中：

q——垂直均布压力，单位为千牛每平方米（kN/m²）；
γ——围岩重度，单位为千牛每立方米（kN/m³）；
ω——宽度影响系数。

E.3.2 水平均布压力按表 E.1 的规定确定。

表 E.1 围岩水平均布压力

围岩级别	Ⅰ、Ⅱ	Ⅲ	Ⅳ	Ⅴ	Ⅵ
水平均布压力 e	0	＜0.15q	(0.15～0.3)q	(0.3～0.5)q	(0.5～1.0)q

注：应用式公式（E.3）及表（E.1）时，必须同时具备下列条件：(1)H/B＜1.7，H 为隧道开挖高度（m），B 为隧道开挖宽度（m）；(2)不产生显著偏压及膨胀力的一般围岩。

E.4 浅埋隧洞围岩压力计算方法

E.4.1 浅埋与深埋隧洞的分界深度 H_p 计算方法

浅埋和深埋隧道的分界，按荷载等效高度值，并结合地质条件、施工方法等因素综合判定。按荷载等效高度值计算的判定公式为：

$$H_p = (2 \sim 2.5)h_q \quad\quad\quad (E.4)$$

式中：

H_p——浅埋隧道分界深度，单位为米(m)；
h_q——荷载等效高度，单位为米(m)，按公式(E.5)计算：

$$h_q = \frac{q}{\gamma} \quad\quad\quad (E.5)$$

式中：

q——用公式(E.3)算出的深埋隧道垂直均布压力，单位为千牛每平方米(kN/m^2)；
γ——围岩重度，单位为千牛每立方米(kN/m^3)。

在矿山法施工的条件下：

Ⅳ～Ⅵ级围岩取：

$$H_p = 2.5 h_q \quad\quad\quad (E.6)$$

Ⅰ～Ⅲ级围岩取：

$$H_p = 2 h_q \quad\quad\quad (E.7)$$

E.4.2 浅埋洞洞顶埋深(H)小于或等于等效荷载高度 h_q 时，围岩荷载视为垂直均布压力。

$$q = \gamma H \quad\quad\quad (E.8)$$

式中：

q——垂直均布压力，单位为千牛每平方米(kN/m^2)；
γ——洞顶上覆围岩重度，单位为千牛每立方米(kN/m^3)；
H——洞顶埋深，指洞顶至地面的距离，单位为米(m)。

此时洞身侧向围岩压力为：

$$e = \gamma \left(H + \frac{1}{2H_t}\right)\tan^2\left(45 - \frac{\varphi_c}{2}\right) \quad\quad\quad (E.9)$$

式中：

e——侧向均布压力，单位为千牛每平方米(kN/m^2)；
H_t——排水洞高度，单位为米(m)；
φ_c——围岩计算摩擦角，单位为度(°)，其值按表 E.2 取值。

表 E.2 各级围岩的物理力学指标标准值

围岩级别	重度 /kN·m^{-3}	弹性抗力系数 k /MPa·m^{-1}	变形模量 E /GPa	泊松比 μ	内摩擦角 φ /(°)	粘聚力 C /MPa	计算摩擦角 φ_c /(°)
Ⅰ	26～28	1 800～2 800	>33	<0.2	>60	>2.1	>78
Ⅱ	25～27	1 200～1 800	20～33	0.2～0.25	50～60	1.5～2.1	70～78
Ⅲ	23～25	500～1 200	6～20	0.25～0.3	39～50	0.7～1.5	60～70

表 E.2 各级围岩的物理力学指标标准值（续）

围岩级别	重度 /kN·m⁻³	弹性抗力系数 k /MPa·m⁻¹	变形模量 E /GPa	泊松比 μ	内摩擦角 φ /(°)	粘聚力 C /MPa	计算摩擦角 φ_c /(°)
Ⅳ	20~23	200~500	1.3~6	0.3~0.35	27~39	0.2~0.7	50~60
Ⅴ	17~20	100~200	1~2	0.35~0.45	20~27	0.05~0.2	40~50
Ⅵ	15~17	<100	<1	0.4~0.5	<20	<0.2	30~40

注1：本表数值不包括黄土土层。
注2：选用计算摩擦角时，不再计内摩擦角和粘聚力。

E.4.3 浅埋洞洞顶埋深 $h_q < H \leq H_p$（浅埋与深埋分界深度）时，作用于洞顶的总垂直压力 $Q_{浅}$ 按公式（E.10）计算：

$$Q_{浅} = W - \gamma H^2 \lambda \tan\theta \quad \quad (E.10)$$

式中：

W——洞宽范围内洞顶围岩总重力，单位为千牛每米（kN/m）；
λ——侧压力系数，按公式（E.11）和公式（E.12）计算；
θ——洞顶围岩破裂面与垂直面的夹角，无实测资料时可按表 E.3 采用。

表 E.3 各级围岩的 θ 值

围岩级别	Ⅰ、Ⅱ、Ⅲ	Ⅳ	Ⅴ	Ⅵ
θ	$0.9\varphi_c$	$(0.7~0.9)\varphi_c$	$(0.5~0.7)\varphi_c$	$(0.3~0.5)\varphi_c$

注：φ_c 为围岩计算摩擦角，参照表 E.2 选用。

$$\lambda = \frac{\tan\beta - \tan\varphi_c}{\tan\beta[1 + \tan\beta(\tan\varphi_c - \tan\theta) + \tan\varphi_c \tan\theta]} \quad \quad (E.11)$$

$$\tan\beta = \tan\varphi_c + \sqrt{\frac{(\tan^2\varphi_c + 1)\tan\varphi_c}{\tan\varphi_c - \tan\theta}} \quad \quad (E.12)$$

式中：

β——破裂面与水平面的夹角，单位为度（°）；
φ_c——围岩计算摩擦角，单位为度（°）。

此时作用于支护结构两侧的水平侧压力为：

$$e_1 = \gamma H \lambda \quad \quad (E.13)$$
$$e_2 = \gamma h \lambda \quad \quad (E.14)$$

式中：

e_1——隧洞顶面侧压力，单位为千牛每平方米（kN/m²）；
e_2——隧洞底面侧压力，单位为千牛每平方米（kN/m²）；
h——洞底至地面的距离（洞底埋深），单位为米（m）。

E.5 支撑盲沟支撑力估算

支撑盲沟支撑力可按公式(E.15)估算：

$$P = f \cdot \gamma_{填料} hbL = KT\cos\alpha - T\sin\alpha \cdot f \quad\quad\quad (E.15)$$

式中：

P——支撑盲沟的支撑抗滑力，单位为千牛(kN)；

f——支撑盲沟基础与地基岩土的摩擦系数；

$\gamma_{填料}$——盲沟内透水填料的重度，单位为千牛每立方米(kN/m³)；

h——支撑盲沟断面平均高度，单位为米(m)；

b——支撑盲沟断面宽度，单位为米(m)；

L——每条支撑盲沟的长度，单位为米(m)；

K——滑坡体设计抗滑稳定系数；

T——盲沟上部滑体的总下滑力，单位为千牛(kN)；

α——总下滑力与盲沟基底面的夹角，单位为度(°)。

附 录 F
（资料性附录）

地下排水工程结构材料常用表

表 F.1 砌筑砂浆的强度指标

强度等级	抗压极限强度/MPa
M10	10.0
M7.5	7.5
M5	5.0
M3.5	3.5

表 F.2 混凝土管规格、外压荷载和内水压力检验指标

公称内径/mm	有效长度 L /mm ≥	Ⅰ级管			Ⅱ级管		
		壁厚 t/mm ≥	破坏荷载 /kN·m⁻¹	内水压力 /MPa	壁厚 t/mm ≥	破坏荷载 /kN·m⁻¹	内水压力 /MPa
100	1 000	19	12	0.02	25	19	0.04
150		19	8		25	14	
200		22	8		27	12	
250		25	9		33	15	
300		30	10		40	18	
350		35	12		45	19	
400		40	14		47	19	
450		45	16		50	19	
500		50	17		55	21	
600		60	21		65	24	

表 F.3 钢筋混凝土管规格、外压荷载和内水压力检验指标

公称内径 /mm	有效长度 L/mm ≥	I级管 壁厚 t/mm ≥	I级管 裂缝荷载 /kN·m⁻¹	I级管 破坏荷载 /kN·m⁻¹	I级管 内水压力 /MPa	II级管 壁厚 t/mm ≥	II级管 裂缝荷载 /kN·m⁻¹	II级管 破坏荷载 /kN·m⁻¹	II级管 内水压力 /MPa	III级管 壁厚 t/mm ≥	III级管 裂缝荷载 /kN·m⁻¹	III级管 破坏荷载 /kN·m⁻¹	III级管 内水压力 /MPa
200	2 000	30	12	18	0.06	30	15	23	0.10	30	19	29	0.10
300	2 000	30	15	23	0.06	30	19	29	0.10	30	27	41	0.10
400	2 000	40	17	26	0.06	40	27	41	0.10	40	35	53	0.10
500	2 000	50	21	32	0.06	50	32	48	0.10	50	44	68	0.10
600	2 000	55	25	38	0.06	60	40	60	0.10	60	53	80	0.10
700	2 000	60	28	42	0.06	70	47	71	0.10	70	62	93	0.10
800	2 000	70	33	50	0.06	80	54	81	0.10	80	71	107	0.10
900	2 000	75	37	56	0.06	90	61	92	0.10	90	80	120	0.10
1 000	2 000	85	40	60	0.06	100	69	100	0.10	100	89	134	0.10
1 100	2 000	95	44	66	0.06	110	74	110	0.10	110	98	147	0.10
1 200	2 000	100	48	72	0.06	120	81	120	0.10	120	107	161	0.10
1 350	2 000	115	55	83	0.06	135	90	135	0.10	135	122	183	0.10
1 400	2 000	117	57	86	0.06	140	93	140	0.10	140	126	189	0.10
1 500	2 000	125	60	90	0.06	150	99	150	0.10	150	135	203	0.10
1 600	2 000	135	64	96	0.06	160	106	159	0.10	160	144	216	0.10
1 650	2 000	140	66	99	0.06	165	110	170	0.10	165	148	222	0.10
1 800	2 000	150	72	110	0.06	180	120	180	0.10	180	162	243	0.10
2 000	2 000	170	80	120	0.06	200	134	200	0.10	200	181	272	0.10
2 200	2 000	185	84	130	0.06	220	145	220	0.10	220	199	299	0.10
2 400	2 000	200	90	140	0.06	230	152	230	0.10	230	217	326	0.10
2 600	2 000	220	104	156	0.06	235	172	260	0.10	235	235	353	0.10
2 800	2 000	235	112	168	0.06	255	185	280	0.10	255	254	381	0.10
3 000	2 000	250	120	180	0.06	275	198	300	0.10	275	273	410	0.10
3 200	2 000	265	128	192	0.06	290	211	317	0.10	290	292	438	0.10
3 500	2 000	290	140	210	0.06	320	231	347	0.10	320	321	482	0.10

附 录 G
（规范性附录）
地表和地下排水工程结构大样图

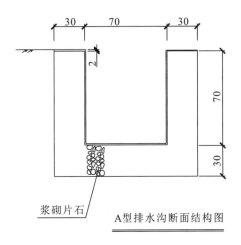
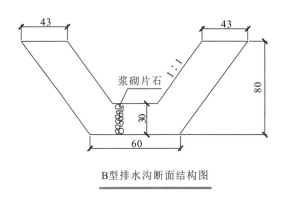

注：山坡截水沟如需按流量计算确定断面时应另行设计。

图 G.1 截、排水沟大样图

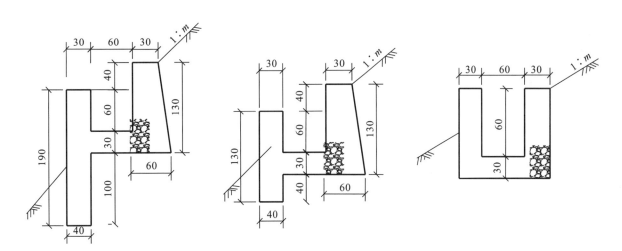

图 G.2 浆砌片石山坡截水沟

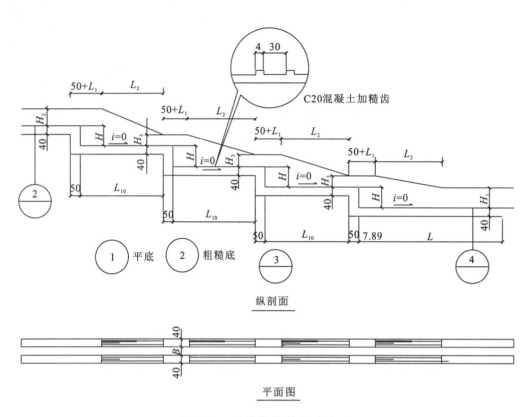

图 G.3 无消能设施跌水(一)

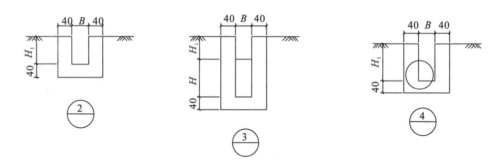

图 G.4 无消能设施跌水(二)

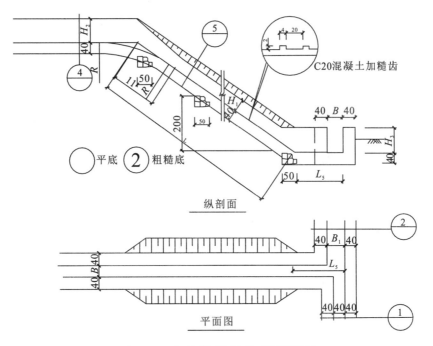

图 G.5 急流槽平面图、纵断面图

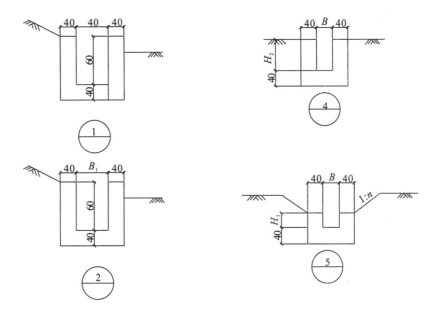

图 G.6 急流槽横断面图

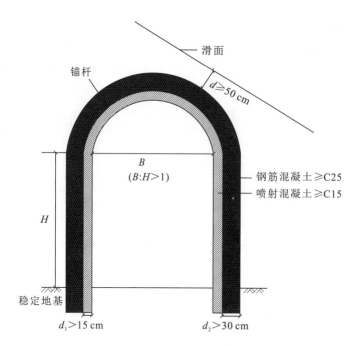

图 G.7 混凝土排水隧洞结构大样图

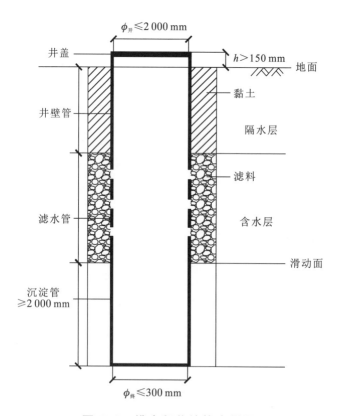

图 G.8 排水竖井结构大样图

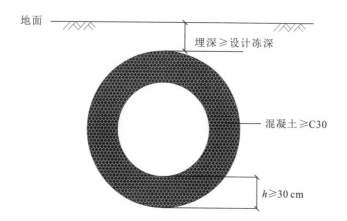

图 G.9 混凝土排水暗管结构大样图

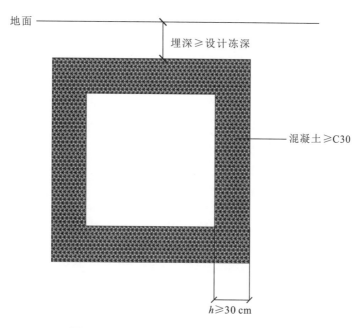

图 G.10 混凝土排水暗涵结构大样图